农业科技创新实用技术丛书

黑豚鼠养殖新技术

主　编
龚泽修　肖定福

编著者
龚泽修　肖定福　胡松梅
何　俊　王升华

金盾出版社

内 容 提 要

本书内容包括:概述,黑豚鼠的生物学特性,黑豚鼠饲养技术,黑豚鼠的营养需要和饲料,黑豚鼠的饲养与管理,黑豚鼠的繁育与育种技术,黑豚鼠的常见疾病防治,黑豚鼠产品的加工与利用,常见牧草种植技术等9章。全书内容新颖,技术实用,可操作性强。可供养殖专业户和农业院校相关专业师生阅读参考。

图书在版编目(CIP)数据

黑豚鼠养殖新技术/龚泽修,肖定福主编.— 北京:金盾出版社,2013.10
(农业科技创新实用技术丛书)
ISBN 978-7-5082-8575-7

Ⅰ.①黑… Ⅱ.①龚…②肖… Ⅲ.①黑豚鼠—饲养管理 Ⅳ.①S865.1

中国版本图书馆 CIP 数据核字(2013)第 163336 号

金盾出版社出版、总发行
北京太平路5号(地铁万寿路站往南)
邮政编码:100036 电话:68214039 83219215
传真:68276683 网址:www.jdcbs.cn
封面印刷:北京凌奇印刷有限责任公司
正文印刷:北京军迪印刷有限责任公司
装订:兴浩装订厂
各地新华书店经销
开本:850×1168 1/32 印张:3.875 字数:87千字
2013年10月第1版第1次印刷
印数:1～7000册 定价:8.00元

前　言

随着我国经济的发展,人民生活水平不断提高,营养保健的食物越来越被人们所追求,一些野生特种经济动物已进入老百姓日常生活的菜篮子,摆上了餐桌,成为大众追逐的美味佳肴。因此,人工饲养野生动物的种类和数量也越来越多,经济动物养殖队伍在不断壮大,养殖规模也在迅速扩大,黑豚鼠养殖业亦应运而生,其发展前景已显现出强大的生命力。大力发展黑豚鼠养殖既能有效保护野生动物,又可发展草食动物,增加养殖户收入和满足人民群众消费需求,具有生态持续发展和改善人们生活结构的深远意义。

为了满足大家对黑豚鼠养殖技术的需求,我们总结这方面多年来的经验,并参考有关资料编成本书,奉献给读者。

本书介绍黑豚鼠养殖的经济价值、形态特征、生活习性,并从选种及后备种黑豚鼠的饲养与管理、空怀黑豚鼠管理配种饲养与管理、孕黑豚鼠饲养与管理、幼黑豚鼠饲养与管理、仔黑豚鼠饲养与管理、成年黑豚鼠饲养与管理、商品黑豚鼠饲养与管理，各阶段饲料配方，疾病防治与肉类加工方法等方面详细介绍了黑豚鼠人工养殖技术。本书以实用技术为主，文字通俗易懂，深入浅出，适于广大养殖者阅读。

由于笔者水平有限，又因黑豚鼠养殖是一项新技术，还有很多需要进一步探索和完善的地方，所以本书存在不足在所难免，敬请读者、专家批评指正，不断完善。

编 著 者

目　录

第一章　概　　述

黑豚鼠原名豚狸，是我国南方深山老林中的一种袖珍走兽，早在《本草纲目》中就有记载："风狸将死，遇风复活，风狸通体油黑，偶有豹纹或它色；风狸短小如兔，有尾如无，尿如乳色，主治风疾。"这里说的风狸就是指野山的豚狸。

我国在经历了"非典"之后，许多种野生动物都被禁止养殖和食用，但野生动物仍一直是人们追求的美味佳肴，市场需求量与日俱增。与那些饲养成本高、技术难度大、见效周期长的养殖项目相比较，黑豚鼠养殖具有明显的优势：

第一，黑豚鼠属于国家允许养殖、市场开放的野生经济动物，市场可以顺利流通。

第二，黑豚鼠肉质鲜美，与果子狸不相上下，特别它是草食动物，为绿色食品，市场需求量在不断上升。

第三，黑豚鼠饲养成本低、技术难度不大，饲养成本仅为果子狸的 1/6，技术难度是果子狸的 1/10，养殖 1 只重量为 500～800 克的商品黑豚鼠，综合成本仅为 4 元左右。

第四，黑豚鼠疾病少，没有瘟疫，成活率都在 90％以上。养殖黑豚鼠不像养殖猪、鸡、鸭等畜禽，一旦发生瘟疫，就损失惨重。

第五，养殖黑豚鼠见效快、效益好。养殖 10 对黑豚鼠年可繁殖后代 300 只以上，毛利在 4 000 元以上，纯利在 3 000 元以上，1 个人的管理能力可养殖 400 对种黑豚鼠。200 对的饲料日开支仅为 1 头母黑豚鼠的日食量，其他的均为草料饲料。

2000 年黑豚鼠养殖与综合开发列入浙江省重点金桥工程；2001 年，黑豚鼠养殖被科技部、中国农村技术开发中心、中国农业科技报杂志社列为全国农业科技成果重点推广项目；2003 年，黑豚鼠养殖被列为广西星火计划开发项目；2003 年 8 月国家 12 部委公布准养 54 种野生动物，黑豚鼠类动物名列 13 位；2003 年 10 月黑豚鼠列入“中国农用新产品重点推荐项目”。近年来，为了提高其经济价值，科学家们在实验动物的基础上，选育出了更优质的纯黑色品种，体型变为较大（1～1.5 千克），抗病力更强，具有食性杂、肉质味美和观赏性强等很多优势。

黑豚鼠是小型食草动物，饲粮以青粗饲料为主，适当搭配少量精饲料即可。它不与人争粮，不与粮争地。养殖黑豚鼠是典型的节粮型养殖业，饲料容易解决，饲养管理也比较容易，对饲养人员要求不高，老弱妇孺皆可饲养。饲养规模根据自己条件可大可小，饲养方式可多种多样，不仅可以工厂化、集约化生产，也可以小规模饲养，更适合千家万户家庭养殖。发展黑豚鼠养殖业，投资少，见效快，收益大，是一种较为理想的家庭养殖业。

在我国，不仅在牧区可以发展黑豚鼠养殖，农区也具备良好的饲养条件。农区丘陵岗地占有一定面积，沿海滩涂广阔，饲草资源丰富，特别是南方丘陵地区和西部民族地区利用草地发展黑豚鼠养殖尤为适宜。随着我国外贸事业的发展，国内人民生活水平的提高，发展黑豚鼠的养殖生产有着不可估量的前景。

“物以稀为贵，食以黑为补”，20 世纪 90 年代以来，一股食黑旋风席卷全球，黑色食品被列为继绿色食品之后的第四代自然功能食品，将成为人类最喜欢的食品。现代科学研究证明，黑色食品不仅营养价值高，而且有清除人体内自由基、抗氧化、降血脂、抗肿瘤、助阳、抗衰老的特殊功能。黑豚鼠肉属高蛋白、低脂肪、低胆固醇食品，所含的黑色素能清除人体内自由基、防止脂质过氧化，从而起到延缓衰老的作用；所含的铁质是甲鱼的 3 倍，还含有丰富的防癌、抗癌元素锌和硒，而胆固醇和饱和脂肪酸的含量很低，是一种理想的营养、滋补保健食品，符合 21 世纪自然保健黑色食品的消费新潮。由于黑豚鼠肉几乎均为肌肉,纤维较兔肉更为细嫩,且不含腥膻味,因此具备烹调易熟、易酥烂、快速烹调的特点。黑豚鼠肉味甘、性平,有益气补血、解毒之功效,用于治疗身体虚弱、年老肾亏、产后贫血等症。黑豚鼠的睾丸可作为生产治疗癫痫的药物,黑豚鼠血液可提取药物原料血清素。

世界权威的饮食专家断言:21 世纪将是自然色食品,尤其是黑色保健食品的消费世纪。黑色食品产业必将成为 21 世纪食品产业的一大方向和经济增长点。在当今世界上,谁能成功开发和规模化生产特种黑色食品,谁将获得巨大的消费市场和良好的经济效益。而养殖黑豚鼠正好迎合了世界黑色食品的消费趋势,综合开发黑豚鼠的营养、药用价值并使之成为产业化、规模化项目,形成农户加基地,集科研、养殖、加工、销售一条龙经营,必将产生良好的经济效益和社会效益。

同时,黑豚鼠的皮毛是一种很好的裘皮服装和工艺品的加工原料,其加工性能和装饰性能可以与水貂皮媲美,可用于制作裘皮服装、披肩、手套和豚皮系列玩具。黑豚鼠也可以作为一种观赏动物,为宠物养殖者,特别是儿童提供喜爱的宠物。

黑豚鼠是小型动物,性情温顺,易于保定,其血利用价值高,采集较为方便,可广泛用于生理、医药、免疫、繁殖和生物工程等实验中。据报道,日本、韩国等国家都选用黑豚鼠作为实验动物,年需求量在数十万只以上,而国内出栏量今后也将远远超过数十万。因此,黑豚鼠是一种理想而应用广泛的实验动物。

黑豚鼠粪尿是优质的有机肥,1 只成年黑豚鼠年积肥料 90～120 千克。黑豚鼠粪中氮、磷、钾三要素的含量都远远高于其他畜禽粪。据测算,100 千克黑豚鼠粪相当于 10.92 千克硫酸铵、1.97 千克硫酸钾的肥效;而且黑豚鼠肥能改善土壤结构,增加有机质,提高土壤肥力。在四川省成都市凤凰山的黄泥(酸性)土壤中试验表明,施用黑豚鼠粪的黄泥土壤有机质提高 42.3%,含氮量提高

43.8%,土质、土壤结构得到明显改善。

黑豚鼠养殖符合我国国情。我国国土面积较大,但可耕地比例较小,约占全世界可耕地的7%,人口占全世界人口的22%,是个缺粮大国。目前,我国年人均拥有粮食不足400千克,人均拥有粮食与世界发达国家相比差距甚远。因此,我国不可能用大量粮食发展耗粮较多的畜禽。

目前,世界上很多国家认为,发展黑豚鼠养殖业是解决人类肉食品的一条必然捷径。黑豚鼠现在湖南、广西、浙江、上海、广东、福建、湖北、云南等省(自治区)已有养殖,有的已形成万对规模养殖基地。养殖黑豚鼠不违农时,不影响生产、工作,可以利用工余时间养殖,带动了农民致富;还可以黑豚鼠为原料生产保健品,如药酒、肉脯、口服液等;以黑豚鼠肉做成的"蒜烧黑豚鼠"、"天宝回春"、"神仙西瓜豚",以及清蒸、红烧、熬汤、炖等烹制的名牌菜谱,因其味道鲜美,食客吃后赞不绝口,已成为宾馆、酒家的高档菜肴,在我国沿海及港、澳大中城市形成消费热。由于具有巨大的市场开发潜力,黑豚鼠养殖业与加工已被列入中国农用新产品重点推荐项目,市场前景十分广阔。

第二章 黑豚鼠的生物学特性

黑豚鼠属哺乳纲，啮齿目，黑豚鼠科，黑豚鼠属。黑豚鼠科动物原产于南美，实验黑豚鼠由野生黑豚鼠之中的短毛种驯化而来，是较早用于生物医学研究的动物。目前，人们不仅将黑豚鼠用于实验，还因为黑豚鼠可爱、好养而用于宠物饲养，但更多的是由于黑豚鼠肉质鲜美、繁殖力强、饲养简单、成本低廉而广泛用于食用，目前在全国都分布着黑豚鼠养殖场，以黑色黑豚鼠最受欢迎。

一、黑豚鼠的行为和习性

（一）采食行为

黑豚鼠属于哺乳啮齿类动物，它与其他家族一样都有啃咬硬物的习惯，有时会造成笼具、食具或其他设备的损坏。为了避免不必要的损失要采取一些防范措施，可以在笼中投放带叶的树枝或粗硬干草等让其啃咬、磨牙。

黑豚鼠是严格的草食动物，平时喜食纤维素较多的禾本科嫩草或干饲草。在自然光照条件下，日夜采食，两餐之间有较长的休息期。饥饿时听到饲养人员的声音特别是拿饲料的声音时会发出“吱、吱”的叫声，常整群一起尖叫。黑豚鼠愉快时能发出“啾、啾”类似鸟鸣的声音。

黑豚鼠吃得多排得多，属于饮食不洁的动物，如果使用的食盆不得当，黑豚鼠常在饲料上边吃边排便，或把饲料扒散、将饮水弄出。

(二)群居行为

群居特性是黑豚鼠遗传下来的本能行为(图 2-1),一雄多雌的群体构成明显的群居稳定性。表现为成群活动、休息或集体采食、紧挨躺卧。单独分笼饲养和成对饲养都不能如群体饲养繁殖得好,长得快。幼鼠会跟随成鼠追逐发情的雌鼠。群体中占支配地位的黑豚鼠会咬其他黑豚鼠的毛。在拥挤或应激情况下,也可发生群内 1 只或更多动物被其他个体咬毛,毛被咬断,呈斑状秃,而造成皮肤创伤和皮炎。如果放入新的雄鼠,雄鼠之间会发生激烈斗殴,导致严重咬伤。

图 2-1　平养黑豚鼠

(三)性情温和

黑豚鼠的耳朵与四肢短小,不善跳跃,也不能攀登,只要豚池、笼舍高于 40 厘米,它就不会外逃。

黑豚鼠性情温顺,一般不会相互斗殴,也很少咬伤工作人员。但它的脚趾锋利,在发情期投料时应特别注意防止被抓伤。

黑豚鼠胆小,喜欢安静、干燥、清洁的环境。突然的声响、震动或环境变化,可引起四散奔逃、转圈跑或呆滞不动,甚至引起妊娠母鼠流产。对经常性搬运和扰动很不习惯,搬运、重新安置或触摸可使黑豚鼠体重在 24～48 小时内明显下降,但情况稳定后又能很快恢复。

(四)怕热耐寒

黑豚鼠是皮毛动物,缺乏汗腺,体表热能不易散发,所以黑豚鼠具有较强的抗寒能力;但对仔黑豚鼠或幼黑豚鼠冬季应注意保暖。在豚舍结构设计和日常管理中,防暑比防寒更重要。

(五)听觉发达

黑豚鼠的听觉非常发达,能识别多种不同的声音,它听到的音域远大于人。当有尖锐的声音刺激时,常表现为耳郭微动以应答,即听觉耳动反射。听觉耳动反射减弱或缺失是听觉功能不良的表现。

(六)嗅觉灵敏

黑豚鼠的嗅觉非常灵敏,常以嗅觉辨认异性和栖息领域,所以在仔黑豚鼠需要并窝或寄养时,在其身上涂些母黑豚鼠的尿液或乳汁,母黑豚鼠就会给异窝幼黑豚鼠喂奶,从而使并窝或寄养获得成功。

二、黑豚鼠解剖学特点

(一)外 观

体型短粗、头圆大、耳朵和四肢短小、尾巴只有残迹,眼睛明亮,耳壳薄而血管鲜红明显,上唇分裂。前足有四趾,后足有三趾,每趾都有突起的大趾甲,脚形似豚。体长22.5～35.5厘米。被毛紧贴体表,毛色黑色。

(二)齿

齿式为2(1013/1013)＝20。门齿呈弓形深入颌部,咀嚼面锐利,能终身生长。当咬合不正时,门齿、臼齿会过度生长。黑豚鼠嚼肌发达。

(三)骨　骼

可分为主轴骨和四肢骨两部分,其数量因年龄而异,成熟黑豚鼠有256～261块骨。脊椎由36块椎骨组成,其中颈椎7个,胸椎13个,腰椎6个,荐椎4个,尾椎6个。胸部有13对肋骨,其中真肋骨6对,与胸骨相关节;假肋骨7对。四肢骨可分为前肢骨和后肢骨。前肢骨包括肩胛骨、锁骨、肱骨、桡骨和尺骨。后肢骨包括髋骨、股骨、胫骨、腓骨和膑骨。

(四)心、肺

胸腔内有气管、肺、心脏和食管。心脏位于胸腔的中部偏左。肺呈粉红色,分为左肺和右肺,右肺由尖叶、中间叶、附叶和后叶组成,左肺由尖叶、中间叶和后叶组成。黑豚鼠胸腺与大、小鼠不同,在颈部皮下气管两侧,附着不牢固,易摘除。

(五)消化系统

腹腔内有肝脏、肾脏、脾脏、胃、肠、胆囊、胰脏、膀胱和生殖器官等。胃壁非常薄,黏膜呈襞状。胃容量为20～30毫升。肠管较长,约为体长的10倍,其中盲肠发达约占整个腹部的1/3。肝脏呈暗黄褐色,分为内侧左右叶、外侧左右叶和后叶。胆囊位于内侧左、右叶之间。胰脏为一长而扁平的叶状腺体,粉红色,横位于腹腔前半部胃的背面,分头、体和尾叶。

(六)大　脑

在胚胎期42～45日时脑发育成熟,大脑半球没有明显的回纹,只有原始的深沟,属于平滑脑组织,较其他同类动物发达。

(七)淋巴系统

淋巴系统较为发达。脾脏呈扁平板状,位于胃大弯部。肺部淋巴结具有高度的反应性,在少量机械或细菌刺激时,很快发生淋巴结炎。

(八)泌尿生殖器官

肾脏位于腹腔前部背侧,体正中线两侧,右肾比左肾稍前,表面光滑,棕红色。肾上腺较大。

雌、雄黑豚鼠腹股沟部都有1对乳腺,但雌性的比较细长位于鼠蹊部。雌性具有无孔的阴道闭合膜,发情时张开,非发情时闭合。卵巢呈囊圆形,位于肾脏下方。子宫有两个完全分开的子宫角,连接输卵管末端。子宫角会合后形成子宫颈,开口于阴门。

雄性有位于两侧突起的阴囊,内含睾丸。睾丸呈椭圆形纵行稍向背外侧排列于阴囊内,出生后睾丸并不下降到阴囊,但通过腹壁可以摸到。用手压迫包皮的前面能将阴茎挤出,包皮的尾侧是会阴囊孔。

第三章 黑豚鼠饲养技术

一、黑豚鼠饲养场地的选择

人工饲养黑豚鼠,首先要考虑场址的选择。饲养场舍要根据黑豚鼠的生活习性、环境要求、饲养数量、繁殖特点和各地的不同气候环境条件、经营管理方式、饲养水平等因素,因地制宜,量力而行地设计、建造科学合理的养殖场。饲养场的设计要以方便管理为原则。

黑豚鼠性情温和,喜欢群居,但胆小怕惊,怕受干扰,对外来刺激声较为敏感。环境突变,如过冷、过热,都会使黑豚鼠生长受到影响。因此,应选择安静的环境,远离铁路、机房等喧闹处;场地应排水良好,冬天能避开冷风侵袭,夏季能通风,并尽量远离畜禽养殖场,以减少污染和疾病传播,附近要有草源。

(一)选址原则

第一,节约用地,并为进一步发展留有余地。

第二,不要在旅游区、自然保护区、古建保护区、水源保护区、畜禽疫病多发区和环境公害污染严重地区建场。

第三,场址用地要符合当地城镇发展建设规划和土地利用规划要求和相关法规。

第四,场址要选择在城镇居民区常年主导风向的下风向或侧风向,避免气味、废水及粪肥堆置而影响居民区。

第五,应尽量靠近饲料供应和商品销售地区,并且交通便利,水、电供应可靠。

第六，选址还应注意各地小气候特点，趋利避害。

第七，应避开城市、厂矿、医院、交通要道等污染源。

第八，不得在黑豚鼠养殖基地及其水源附近倾倒、堆放、处理固体废弃物和排放工业废水、城镇生活污水、有毒废液、含病原体废水。

第九，黑豚鼠养殖场应当建立在无废气、废水、固体废弃物污染的地点。

（二）场址选择

第一，地势地形。地势应高燥，背风向阳，地下水位应在 2 米以下；不宜建于山坳和谷地以防止在黑豚鼠养殖场上空形成空气涡流，地形要开阔整齐，有足够的面积。地面应平坦而稍有缓坡，以利排水，一般坡度以在 1%～3%为宜，最大不超过 25%。

第二，土质。要求土壤透气、透水性强，吸湿性和导热性小，质地均匀，抗压性强，且未受病原微生物的污染；沙土透气、透水性强，吸湿性小，但导热性强，易增温和降温，对黑豚鼠不利；黏土透气、透水性弱，吸湿性强，抗压性低，不利于建筑物的稳固，导热性小；沙壤土兼具沙土和黏土的优点，是理想的建场土壤。

第三，水源、水质。黑豚鼠养殖场水源要求水量充足，水质良好，便于取用和进行卫生防护。水源水量必须能满足场内生活用水、黑豚鼠饮用与饲养管理用水（如清洗调制饲料、冲洗、清洗机具、用具等）的要求。

第四，电力交通。选址时要保证可靠的电力供应，并要有备用电源；养殖场必须选在交通便利的地方。但从黑豚鼠的防疫需要和环境要求安静方面考虑，不能太靠近主要交通干道。

第五，防疫和环保。最好离主要干道 400 米以上；一般距铁路与一、二级公路不应少于 300 米，最好在 1 000 米以上；距三级公路不少于150米;距四级公路不少于50米;同时,要距离居民点、工厂1000米以上。如果有围墙、河流、林带等屏障,则距离可适当缩短些;距其他养殖场应在1500米以上;距屠宰场和兽医院宜在1000米以上。禁止在旅游区与工业污染严重的地区建场。

第六,周围环境。建场还应考虑周边环境的各种因素,如水、电、排污、安全等。

二、黑豚鼠饲养房舍的基本要求

饲养黑豚鼠的房舍不必特别讲究,用普通住房或用旧房、旧黑豚鼠栏改造均可。在室外棚舍亦可饲养。为了让黑豚鼠生活舒适,提高黑豚鼠养殖产量和效益,要注意以下几点。

(一)环 境

黑豚鼠听觉好,对外来的刺激如突然的震动、声响较敏感,甚至可引起流产,因此环境应保持安静。

黑豚鼠身体紧凑利于保存热量而不利于散热,因此更怕热,其自动调节体温的能力较差,对环境温度的变化较为敏感。黑豚鼠生活临界温度为低温－15℃,高温32℃,温度中性范围30℃～31℃,适宜温度为18℃～29℃。因此,饲养舍温度应控制在18℃～29℃,最适为18℃～22℃,空气相对湿度40%～70%。温度在29℃以上时,如湿度高且空气不流动,会给黑豚鼠造成很大危害甚至死亡,使妊娠母鼠流产;温度过低易使其患肺炎。

同时,饲养舍温度的恒定是相当重要的,日温差应控制在3℃以内。温度急骤改变,常可危及幼鼠生命,使妊娠母鼠流产和不能分泌乳汁,甚至大批死亡。保持饲养环境中有足够的新鲜空气也很重要,要使换气次数达到10～15次/小时。

(二)笼　具

黑豚鼠不能登高，跳跃能力差，笼具一般不须加盖(四周围栏40厘米高)。黑豚鼠活动性强，空间要求比其他啮齿类大。

较早期的饲养一般采用的方法为池养，即在地面上用水泥或铁丝网、木板等做成围栏，长和宽各为100厘米，高为40厘米，即可饲养黑豚鼠。其优点是容易操作，成本低，因黑豚鼠直接接触地面，更利于其经常快速奔跑的习惯。但是这种方法使饲养舍面积使用效率降低，不利于笼具清洗和消毒。

带不锈钢笼的冲水笼架，分层饲养可节省空间，便于清洗。其缺点是保温差，黑豚鼠担惊受怕，很不习惯，常造成其体重下降、脱毛、产量下降、腿被卡住等，易骨折，使繁殖母鼠过早淘汰等。

抽屉式箱子、托盘式笼架、大塑料盒是繁殖黑豚鼠较好的笼具。大塑料盒或抽屉式箱子，底面平整光滑，可以铺垫垫料，使黑豚鼠有在陆地的感觉，保温性也较好，现在国内已有商品出售。但大塑料盒或抽屉式箱子体积太大，不易操作，黑豚鼠受惊吓时易跑出盒外。

黑豚鼠兴奋时，常沿着笼边乱跑或转圈跑，易造成外伤。使用长方形的笼、盒比正方形的笼具更能阻止这种乱跑。

(三)垫　料

实底笼饲养时，要铺消毒垫料。垫料应是不具机械损伤的软刨花，避免用具有挥发性物质的针叶木刨花。细小的硬刨花、片屑、锯末可粘在生殖器黏膜上影响交配，甚至损伤生殖器，影响黑豚鼠受胎。粉末状垫料也会引起呼吸道疾病，不宜采用。

黑豚鼠的垫料可用干草或稻草，这样既可以在黑豚鼠受惊奔逃时藏身，也可以让黑豚鼠啃咬补充纤维素。但在进行营养方面研究时则不宜采用。

(四)通　风

不论新建或改修,饲养房舍以坐北朝南方向为好,大小不限。室内最好冬暖夏凉,空气流通、清新。要注意减少舍内空气中的灰尘和水滴,对流口和窗口比饲养池要高一些,以免寒冷天气冷风直接吹到黑豚鼠,使其受寒而发生疾病。

(五)温度、湿度和光线要求

根据黑豚鼠喜温、爱干燥的生活习性,饲养舍应保持适当的温、湿度:在炎热的夏季,设法把温度控制在18℃～29℃,在寒冷的冬季保持在20℃左右,不能低于10℃;相对湿度控制在40%～70%,潮湿的环境不仅影响黑豚鼠生长繁殖,而且会导致各种疾病发生。饲养舍应光线适当,保持黑豚鼠在弱光环境下生活,光线不能直射,也不能太暗。

(六)要安静、防鼠

黑豚鼠怕惊、怕扰,所以饲养舍应选择周围环境比较安静的地方建造。舍内的洞口要堵塞好,地面最好铺水泥与石子黄沙拌和的混凝土;门窗应装上铁丝网,以防鼠、兽类入侵和干扰,也可防止鼠类滥交配。

三、黑豚鼠饲养方式

人工养殖黑豚鼠较为简单,易养,采用的饲养方式可多种多样,各地可根据黑豚鼠的生活习性与当地实际条件,因地制宜,就地取材,尽量选用简单易行的养殖方式,以降低成本。常用的方式有笼养、平面池养、圈养、立体规模养殖等。

(一)笼　养

将黑豚鼠单只或几只长期饲养在笼具里称为笼养。是少量饲养采用的一种饲养方式。优点是取材、管理方便,易控制繁殖,投料方便,易清理粪便,保持清洁卫生和空气流通,方便搬移,大人小孩都可操作。笼子可用木条或竹片、铁丝网制成,长、宽、高以60厘米×50厘米×40厘米为宜,1个笼可养1～2对成体,或8～12只幼体(图3-1)。

图3-1　笼养模式

笼养也可做成重叠架式笼具,可用金属材料制作,也可用其他耐磨配料制作。其规格是,高190厘米、长60厘米、宽50厘米(根据场地大小可并排多笼),分隔高度为45厘米,两层之间装有承粪板,位于底隔板下面,斜度为8%左右,材料可用铁皮或塑料制作,也可用其他耐磨材料制作。这种笼具草架和食盆只能做在正面门边。

(二)平面池式圈养

平面池式圈养是一种生产率比较高的饲养方式(图3-2)。这种饲养方法适宜在平房、舍宽的情况下批量饲养。平面池饲养的优点是:便于用机械运送青饲料、精饲料,省工省时,提高工效;场地宽阔,光线充足,空气流通,新鲜空气可随南向北通过门窗对流,新旧空气交换快;清理粪便方便又容易,适于用人力车大批装运。

图 3-2　平面池模式

但是由于池养不能有效利用空间，所以必须有足够的饲养面积。舍内建池可用砖砌成长、宽、高为 70 厘米、60 厘米、40 厘米的池，或用木板隔成，中间留有人行道。池底可离地架空 40～60 厘米，以便于保持池内干燥和清理。养殖规模大时可连体架式修建，这样既节约建材费用，又便于清扫管理，使黑豚鼠舍干净卫生。

（三）立式规模饲养

立式饲养方式适合于工厂化规模饲养（图 3-3），是目前养殖中采用比较多的饲养方法。其优点是规模大，便于集中管理，操作简单，可充分利用饲养场房的空间，面积利用率高，也便于选种配种、编号。在饲养场的房内可用砖砌成或用木板、铁网做成 3～5 层池格，规模为 60 厘米长×50 厘米宽×25 厘米高，每层之间的承粪板高为 25 厘米，每格放成黑豚鼠 1～2 对，幼黑豚鼠 8～12 只。每层格底安装 1～2 厘米孔径的网筛，以便于粪便流下。还应在格底下面 5～10 厘米处放稍微倾斜的底格，放上塑料布或光滑板，使粪便流下自动滑到粪

图 3-3　立式饲养模式

便收集箱。每格笼(池)中间要安装 30 厘米(宽)×20 厘米(高)的小门,这样便于投料和捕捉黑豚鼠的操作。最下面笼底距地面 25 厘米。

这种方式虽然利用空间大,可规模饲养,但投喂饲料和捕捉、观察黑豚鼠不大方便,养殖户可因地制宜加以改进,有所创新,以提高质量和产量。

第四章 黑豚鼠的营养需要和饲料

黑豚鼠所食的食物经消化道消化吸收。消化道包括口腔、咽喉、食管、胃、小肠、大肠、泄殖腔和消化腺;消化腺又包括口腔腺、肝、胰及消化管壁,其分泌出消化液,把饲料分解成营养物质供黑豚鼠体内吸收。黑豚鼠是草食动物,嚼肌发达,胃、肠壁非常薄,盲肠大,约占腹腔1/3,采食量很大,粗纤维需要量也较多。黑豚鼠对牧草粗纤维的消化率较高,达38.2%,对其他草中粗纤维的消化率为33%,所以优质牧草是其最适口的青饲料。除此以外,黑豚鼠也喜欢吃甘薯、萝卜、菜叶、聚合草、树叶、玉米叶秆、甘蔗叶、稻草等青饲料。

一、黑豚鼠饲养标准

饲养标准是根据畜牧业生产实践中积累的经验,结合物质能量代谢试验和饲养试验,科学地制定出不同种类、性别、年龄、生理状态、生产目的与水平的动物每日每头应给予的能量和各种营养物质的数量。这种为动物规定的数量,称为饲料标准或营养需要量。饲养标准中规定的各种营养物质的需要量,是通过动物采食各种饲料来体现的。因此,在饲养实践中,必须根据各种饲料的特性、来源、价格与营养物质含量,计算出各种饲料的配合比例,即配制一个平衡全价的日粮(饲养标准以表格形式列出畜禽对各种营养物质的需要)。为使用方便,动物的饲养标准都附列家畜用饲料成分及营养价值表。

黑豚鼠饲养标准是通过科学试验和总结实践经验提出的,它具有一定的科学性，是实行科学养殖的重要依据。在生产实践中，只有正确应用饲养标准，合理地开发利用饲料资源，制订科学的饲料配方，生产全价配合饲料，以使黑豚鼠获得足够数量的营养物质，做到科学饲养，才能在保证黑豚鼠健康的前提下充分发挥其生产性能，提高饲料利用率，降低生产成本。另外，饲养标准还是一个技术准则，是为养殖场制定饲养定额、饲料生产和供应计划不可缺少的依据，所以饲养标准在黑豚鼠饲养实践和配方设计中起着非常重要的作用。

黑豚鼠饲养标准具有一定的科学性、代表性，但对任何一种饲养标准，都不应把它作为教条看待。这是因为：

第一，黑豚鼠饲养标准规定的指标，并不是永恒不变的指标，而是在不断地发生变化的，随着动物与饲养科学的发展，黑豚鼠品种质量的改良和提高，生产水平的提高，饲养标准也在不断地进行修订、充实和完善。

第二，饲养标准具有局限性，地区性。因此，应用时要根据各地实际情况和饲养效果等，适当地调整，以求饲养标准更接近于实际。

第三，饲养标准是在一定的条件下制定的，它所规定的各种营养物质的数量，是根据许多试验研究结果的平均数据提出来的，只是一个概括的平均数，不可能完全符合每一个体群体的需要，因此应用时必须因地制宜，灵活应用。要充分考虑黑豚鼠群的生态环境，技术水平，饲养条件等情况，不能脱离实际地生搬硬套。

第四，饲养标准虽是动物每只每日该吃入各种营养元素的标准，但由于黑豚鼠是群体饲养的，加上为了管理方便，一般都是采用一种以每千克饲粮的百分比或含量的营养元素需要来表示，如每千克的能量千卡(千焦)数。这样，配合饲料的营养素百分数乘上每日采食量恰好获得每日所需要的营养素。由于黑豚鼠对能量的需要有在采食上自行调节的能力，所以在自由采食的方式下，采食一定范围能量水平的饲粮都能获得同样量的能量和其他营养素。

总之，既要看到饲养标准的科学性，把它作为科学养殖配制日粮的重要依据，又要看到它的相对合理性，要灵活地应用，并要在科学实验和生产实践经验的基础上加以修订，使它日益完善。

二、营养需要

黑豚鼠为了维持生命、生长和繁殖，必须在体外摄取一定数量的物质；只有能吃到适口的饲料，才可能得到完全的营养。在人工养殖条件下，精饲料达到总饲料量的20％～30％，青饲料达到总饲料量的70％～80％，才能确保肉质细嫩。现介绍黑豚鼠的营养需要如下，供参考配制(表4-1,4-2)。

表4-1 黑豚鼠营养需要表 (％)

基础成分	水分	无氮浸出物	粗蛋白质	粗脂肪	粗纤维
含　量	6.00	47.75	20.54	6.43	15.06
基础成分	钠	钙	磷	铁	镁
含　量	0.53	1.10	69	0.24	0.24
热量(焦耳)	311.1				

表4-2 饲料的氨基酸含量表 (％)

名　称	精氨酸	苯丙氨酸	组氨酸	苏氨酸	酪氨酸	赖氨酸	亮氨酸	天冬氨酸
含　量	1.31	0.83	0.49	0.66	0.55	0.90	1.28	1.64
名　称	色氨酸	谷胱氨酸	甘氨酸	脯氨酸	异亮氨酸	半胱氨酸	蛋氨酸	缬氨酸
含　量	0.27	3.05	0.87	1.02	0.74	0.27	0.33	0.83

在日粮中，必须补充维生素D，每100克体重成长期需要维生

素D 1.6毫克,妊娠期需10毫克。如果缺乏维生素D,会造成黑豚鼠胸骨软化、关节膨大,生殖退化,生长发育不良,抗病力减低,最后体弱死亡;如长期不喂青饲料或不补充维生素D,则会发生严重脱皮现象。此外,需要补喂一些维生素E,以提高受精率。在饲料中还应考虑投喂些矿物质。

三、饲料的种类

黑豚鼠有夜间采食的习惯,有40%～60%的饲料和饮水在夜间采食,平均每日每只成年黑豚鼠的饲料量为200克左右,幼年仔黑豚鼠约为成年黑豚鼠的1/3。

黑豚鼠食性杂,食谱广而宽,爱吃粗纤维、青草、树叶等,自然界中被黑豚鼠食用的饲料很多,但以植物性饲料为主。俗话说得好,若要黑豚鼠好,给吃百样草,就是这个道理。但是为了满足黑豚鼠的营养需要,提高经济效益,我们还得在养殖过程中进行精心的选择和合理的搭配。就精饲料而言,混合饲料中应该有玉米、麦麸、豆粕、米糠、食盐、微量元素等,为了防止夏天和冬天结成冰块,拌料时以拌糊不拌湿为恰到好处。就粗饲料而言,春、夏、秋以皇竹草、黑麦草、青草、蔬菜、树叶和农作物茎叶杂食为宜。要特别注意不要在很长时间内只喂一、二种植物。冬季用大白菜、胡萝卜、白萝卜切碎放在精饲料里定时饲喂,再加花生茎、青干草、稻草、高粱叶、玉米叶、树叶等,随吃随添。

含水量不多的饲料一般包括粗饲料、青绿饲料、精饲料、添加性饲料、配合饲料等种类。

(一)粗 饲 料

粗饲料指干物质中粗纤维的含量在18%以上的一类饲料,主要包括干草类、秸秆类、农副产品类,以及干物质中粗纤维含量为

18%以上的糟渣类、树叶类等。干草是指禾本科作物或野草经过日晒后成为含85%～90%干物质的草,如干甜象草、干稻草、干麦秸等。这些干草以青绿色、柔软、气味芳香为适口性好。在冬季青饲料缺乏时,可以用这些干草饲喂,但在喂干草同时,要定时供应清洁的饮水。

(二)青绿饲料

青绿饲料指自然水分含量在60%以上的一类饲料,包括牧草类、叶菜类、非淀粉质的根茎瓜果类、水草类等。青绿饲料主要包括天然牧草和栽培牧草,如甜象草、矮甜象草、黑麦草、串叶松香草等。以前在饲养中,喂得最多的是甜象草,甜象草含粗蛋白质9.98%,粗脂肪3.4%,粗纤维32.9%,粗灰分10.22%,无氮浸出物43.4%;含有17种氨基酸,比青玉米高2.1倍,比黑麦草高1.33倍,比紫花苜蓿高1.4倍。黑豚鼠还爱吃含有纤维较多的禾本科和匐匍茎的幼嫩部分,以及玉米秆叶、高粱秆叶、甘蔗叶、树叶等;黑豚鼠喜欢吃的果蔬菜饲料有:胡萝卜、凉薯和甘薯、马铃薯、瓜果皮等。这些蔬菜果皮类含有蛋白质、脂肪少,但含有水分,矿物质和各种维生素多,可补充水分和维生素,促进其生育。黑豚鼠常吃的粗饲料或秸秆营养成分见表4-3

表4-3 粗饲料营养成分表

饲料种类	粗蛋白质	粗脂肪	粗纤维	无氮浸出物	灰 分	钙	磷
甜象草	13.34	3.32	28.51	39.17	16.60	0.35	0.12
玉米秆	5.90	0.90	24.90	50.20	8.10	—	—
甘 薯	2.30	0.10	0.10	18.90	1.30	0.03	0.03
胡萝卜	0.80	0.30	1.10	5.00	1.00	0.08	0.04
高粱秆	3.70	1.20	33.90	48.00	8.40	—	—
南 瓜	1.50	0.60	0.90	7.20	0.70	—	—

(三)精 饲 料

精饲料含碳水化合物较多,也含有蛋白质和脂肪、维生素等物质,一般指的是禾谷类、子实类及其加工副产品,常用的如玉米、小麦、高粱、稻谷、麦皮、米糠等,其主要成分是淀粉,消化率和消化能含量高。在日常饲料中,适当补充一些蛋白质饲料,可促进黑豚鼠健壮生长,毛色乌黑发亮,并能提高繁殖能力和抗病能力。植物性蛋白质主要来自豆类,如大豆、黄豆、扁豆、豌豆、花生饼、大豆饼、菜籽饼等;动物性蛋白质主要来自鱼粉、肉骨粉等,此外还添加一些酵母粉、维生素 E、维生素 B 等多种维生素,以及钙、磷等矿物质。

(四)配合饲料

配合饲料是根据动物饲养标准与饲料原料的营养特点,结合实际生产情况,制定科学的饲料配方,根据配方生产出来的多种饲料原料组成的均匀混合物。黑豚鼠配合饲料采用麦皮或米糠、矿物质、维生素等按科学的比例加工成块状或颗粒状,当作精饲料投喂,更适合黑豚鼠的营养生长需要。具体配比方法在各阶段饲养管理中再阐述。

为了促进黑豚鼠的新陈代谢和食欲,每日都要让黑豚鼠适量饮水。一般来说,以凉开水为宜,冬天天气冷,开水晾温就可以给黑豚鼠饮用。为了防止疾病发生,在饲喂时要做到以下十不喂:

一不喂霉烂变质的饲料,二不喂带泥沙粪污的饲料,三不喂带雨水、露水的饲料,四不喂刚喷过农药的饲料,五不喂发芽的马铃薯和有黑斑病的甘薯,六不喂未经蒸煮、焙烤的生豆类饲料(包括生豆饼、生豆渣等),七不喂有毒植物,八不喂未经浸泡 12 小时以上的易膨胀的饲料,九不单独喂牛皮菜、大头菜和菠菜,十不喂不洁净饮水。

第五章　黑豚鼠的饲养与管理

人工饲养黑豚鼠，管理是养好黑豚鼠的关键，重点是饲料的选择与配比。饲料一定不能变质发霉，不要喂变质、有毒、被污染的饲料。青饲料应保持干净新鲜，最好当天割，当天喂。

饲料要以青饲料为主，精饲料为辅，合理进行搭配。饲料尽可能保持稳定，饲喂定时定量，更换饲料时要逐渐过渡。舍内要保持清静，尽量少惊动黑豚鼠，2～3 天清理粪便 1 次，每周清洗、消毒饲养池 1 次，饲料盒(篓)等用具要注意刷洗干净，池内可垫些干草或木屑树皮类以保暖吸湿。饲养人员在投喂时，要随时检查有无鼠类等天敌侵入，以便及时处理。要做好仔黑豚鼠、成黑豚鼠和种黑豚鼠各阶段的饲养管理，只有一环扣一环，精心管理，才能育出优质的黑豚鼠，提高生产力和养殖经济效益。

一、种黑豚鼠的饲养与管理

把成年黑豚鼠饲养到性成熟的阶段后，就要选出健壮的公黑豚鼠和母黑豚鼠进行种黑豚鼠的管理，精心饲养；其余的作为商品黑豚鼠饲养和处理。为了优选种黑豚鼠，提高黑豚鼠后代纯黑种群的质量，特别要注意不能同代近亲繁殖，如果出现变种有多少就及时淘汰多少。只有不断进行提纯复壮选育，才能保持纯黑优质品种，保持黑豚鼠强壮、抗病力强的优势，并在此基础上做好种黑豚鼠的饲养管理。

(一)种黑豚鼠的选择

选择种黑豚鼠时一定要选择优良个体作为父、母黑豚鼠，其标准如下：

第一，体态丰满硕长，营养良好，骨骼粗壮结实。

第二，毛色油黑光亮，被毛洁净密实。皮肤柔软有弹性，无皮肤病。

第三，体躯呈流线形，肢体端正，头、颈、胸、腹、臀结构紧凑。行动敏捷活泼。

第四，眼睛明亮，无分泌物。鼻潮湿，无脱毛现象。

第五，呼吸平稳。

第六，公黑豚鼠睾丸对称，大小一致，阴囊皮肤细致，睾丸发育正常。母黑豚鼠外阴洁净，外阴发育良好，乳头突出。

适宜的引种季节是春季和秋季，这个季节气候温暖，地面干燥，饲草丰富，比较适宜引种。引种前要在运输箱内用报纸、干草从下到上进行铺垫，并在箱盖背面用铁丝捆上一把青草，以便于黑豚鼠途中采食。运回后隔离观察1周才可并群。

自己场内留种时要根据各个品系的特征选择体质强壮、活力强、抗病力强的父、母黑豚鼠的2～5胎的仔黑豚鼠留种，及时淘汰生长不好的仔黑豚鼠。留种的黑豚鼠饲养管理与繁殖的黑豚鼠基本相同，但要注意营养适度，以免过度肥胖，导致不受胎。

种黑豚鼠连续使用12～18个月，生产5胎以上即可淘汰。对于体弱有病的也要及时淘汰。对于因生产导致过度消耗的黑豚鼠(表现为掉毛、消瘦)，应停止配种，使其休息一段时间，待其恢复后再进行生产。

(二)黑豚鼠繁殖技术

繁殖是增加数量和提高黑豚鼠产量与质量的关键性措施。

1. 母黑豚鼠的发情 黑豚鼠全年发情不受季节限制，初情期为35～45日龄，发情周期为16天左右，发情持续期1～18小时，平均9小时左右。发情时间大多在下午5时至第二天早上5时。

发情的母黑豚鼠具有典型的性行为，就是用鼻子嗅同笼其他黑豚鼠，爬跨同笼其他的母黑豚鼠。如果与公黑豚鼠放到一起，表现为典型的拱腰反应。

2. 配种 黑豚鼠采用自然交配进行繁殖。一般情况下，留作原种繁殖的黑豚鼠都采用一公一母的交配方式进行，也就是每个养殖笼(池)内只放1对种黑豚鼠，让它们自然交配。母黑豚鼠发情交配后在阴道内会形成阴道栓，这是公黑豚鼠的精液和母黑豚鼠阴道分泌物等混合在一起变硬的结果，可防止精子倒流，以提高受胎率。阴道栓常常被看成交配成功的标志。阴道栓在交配后12～24小时会自动脱落。

3. 配种期间的饲养管理 在黑豚鼠配种期间需要对它们精心饲养和管理。配种期间种公黑豚鼠精力旺盛，性情急躁，饲养员要注意安全，防止被它们的脚爪抓伤。尤其是投放饲料时要与黑豚鼠保持一定距离。

4. 摸胎 为了提高母黑豚鼠的繁殖率，在配种后12天左右需要检查母黑豚鼠是否受胎，采用的方法是摸胎。摸胎检查的时间最好是早晨还没有给母黑豚鼠喂料之前。空腹摸胎可以提高其准确性。具体方法是，检查者左手托住母黑豚鼠背部使之腹部向上，右手大拇指和食指呈“八”字状自前向后沿腹部轻轻摸索。如果受胎了，在小腹左右的上侧可摸到排列成行、柔软像黄豆大小的肉球。如果没有受胎则腹内柔软如棉。

(三)种公黑豚鼠的饲养与管理

养好种公黑豚鼠的目的在于提高其配种能力，种公黑豚鼠优劣对豚群的质量影响很大。俗话说，母黑豚鼠好好一窝，公黑豚鼠好好一坡，就是这个道理。在自然交配情况下，公、母比例为1∶5，1只公黑豚鼠的后代1年至少有60～100只，如果采用人工授精方法进行配种后代会更多。

1. 科学饲养种公黑豚鼠　科学饲养是提高种公黑豚鼠配种能力的一个重要的外界条件，因为种公黑豚鼠的配种和授精能力强弱，首先取决于精液的数量和质量，而精液的质量又与营养有着密切的关系，尤其是饲料中的蛋白质、维生素和矿物质至关重要，所以对饲养种公黑豚鼠的饲料要求营养成分尽量全面，使饲养出的种公黑豚鼠既不肥又不瘦，壮体雄姿，能保持繁殖体况。太肥了，就容易失去配种能力。在配种期到来前20天，要调节日粮配合的比例，豆粕等蛋白质饲料要占精饲料的15%以上，同时要提供优质的青饲料如黑麦草、皇竹叶、嫩玉米秆叶或苞叶、稻草、甘蔗叶、胡萝卜、甘蓝等，冬季青绿饲料缺乏，可提供一定量的胡萝卜、大麦芽和青麦苗等。

一般情况下，也可每只种公黑豚鼠每日饲喂干稻草100～150克，或者黑麦草100～120克，每日饲喂2次，每只每日喂混合精料15～20克。供参考的配方为：玉米30%，豆粕18%，麸皮15%，米糠35%，食盐1%，微量元素1%。每日喂养2次，饲喂时间可分别在上午8时和下午4时。

在种公黑豚鼠配种期间，由于公黑豚鼠性欲增强，活动力强，营养消耗也大，要适量增加精饲料的喂量。

2. 正确管理种公黑豚鼠　年轻种公黑豚鼠要适时初配，过早或过迟都会影响繁殖功能，降低配种能力。种公黑豚鼠配种次数过多，持续时间过长，直接影响雄体精液品质，体力下降，性欲减退，危害种公黑豚鼠身体健康，缩短种公黑豚鼠利用年限，使每胎产仔数量减少。发情期间，种公黑豚鼠交配次数不宜太频，一般每日 1 次，最多不能超过 2 次，上、下午各 1 次，连续 2 天休息 1 天。在喂料前、后半小时内不要配种或采精。种公黑豚鼠换毛期最好不要配种。春、秋两季气温凉爽，种公黑豚鼠性欲比较旺盛，精液质量也好，这两个季节，配种产仔率和成活率都高；夏季气温高，种公黑豚鼠性欲下降，精液分泌量减少，有时会出现配种不受胎现象，受胎率低。在夏季黑豚鼠配种期，要在搞好防暑降温的条件下，使其发情配种，高温时应停止配种。

种公黑豚鼠宜单笼饲养，防止斗殴。在种公黑豚鼠饲养期内不要放入新的公黑豚鼠，否则它们会发生激烈斗殴，严重时还会咬伤。

没有配种的种公黑豚鼠应远离母黑豚鼠特别是发情的母黑豚鼠饲养，以防发生自淫，降低配种能力。

3. 配种的比例 公、母黑豚鼠配组的比例，一般每组以 1∶5 远亲配种为好，选择年龄、体质、生产性能相近的公、母黑豚鼠配组。经试验，1∶1 配组每胎平均产仔 5 只，断奶前成活率为 90.75％；1∶2 配组各代每胎平均产仔 4.25 只，断奶前成活率为 91.37％；1∶3 配组各代每胎平均产仔 4.7 只，断奶前成活率为 95.1％。一般按要求选配的配种组都能自然交配并产仔，但是，在配种时，应注意检查，发现不受配的公黑豚鼠咬母黑豚鼠现象，要立即捉出来，换上受配而不咬母黑豚鼠的性情温顺的公黑豚鼠进行配种。在配种时，不能将两只公黑豚鼠放在一起，避免公黑豚鼠间产生争配，互相咬伤；在配组过程中，应避免近亲繁殖或使用基因纯度不高的个体作种用。如果发现返祖变种现象，应立即调换公黑豚鼠或母黑豚鼠。培育纯黑品种是比较复杂的，在培育过程中，必须做好公黑豚鼠配种档案，优中选优，这样才能培育更多的优良品种。

(四)种母黑豚鼠的饲养与管理

选出优良的母黑豚鼠,进行精心管理,这直接关系到各代黑豚鼠数量的多少和质量的好坏。根据种母黑豚鼠的生理状况,可分为空怀、妊娠、哺乳3个阶段。一般母黑豚鼠每年可产4～5胎,妊娠期56～68天,哺乳期15～20天,每胎休产期10～15天。

由于这3个阶段的生理状况有着明显的差异,在饲料管理上应根据各阶段的特点采取相应的措施。

1. 空怀期母黑豚鼠的饲养管理　空怀期的母黑豚鼠是指仔黑豚鼠断奶到再次配种妊娠这段时期的母黑豚鼠。这时期的营养状况好坏会对母黑豚鼠再次发情、排卵、妊娠初期的胎儿发育都有影响。

经过15～20天的哺乳,母黑豚鼠体内营养消耗很大,多数母黑豚鼠都会有不同程度的消瘦。为使母黑豚鼠尽快恢复身体,保证下次正常配种繁殖,需要对母黑豚鼠采取复膘措施,即增加精料的喂量,同时使母黑豚鼠增加运动。

配种前的母黑豚鼠体况要达到中等以上,防止过肥或过瘦。体况好的母黑豚鼠在空怀期一般只要喂干稻草或青草。400～500克体重的母黑豚鼠每只每日可以喂干稻草150～200克,或者黑麦草150～220克,每日饲喂2～3次,采食过多会使母黑豚鼠过肥。

精料方面每只每日补饲10～15克,每日饲喂2次,饲喂时间分别在上午8时和下午4时。建议精料配方为:玉米32%,豆粕16%,麸皮15%,米糠35%,食盐1%,微量元素1%。

如果母黑豚鼠过于瘦弱,则应适当延长休假期,不能一味追求繁殖胎数,否则会影响母黑豚鼠健康使其繁殖力下降。

2. 妊娠期母黑豚鼠的饲养管理　作种用母黑豚鼠维持一般管理水平,不能过肥也不能过瘦,否则不易受孕。饲料以青粗料为主,搭配少量精料,以保证母黑豚鼠正常发育、排卵、受孕。母黑豚鼠在配种半个月后，腹部渐渐膨大，此时，可把公黑豚鼠拿出，让母黑豚鼠妊娠期间在安静环境下得到充足的休息。母黑豚鼠妊娠期为：夏天 60～65 天，秋冬季 65～70 天，多胎妊娠期相对长些。

(1)妊娠前期母黑豚鼠的饲养管理　妊娠前期是指母黑豚鼠配种后到妊娠的前 35 天。这个时期胚胎发育比较缓慢，约占出生时重的 1/3，所需营养也相对较少，可以根据具体情况进行补饲，以保持母黑豚鼠的良好体况为宜。

妊娠前期要防止化胎。化胎是指早期胚胎在母黑豚鼠子宫内死亡逐渐被子宫吸收。饲喂高能量、高蛋白质的精料过多的时候，会影响胚胎着床，造成死亡，进而化胎。

妊娠前期的母黑豚鼠每只每日可以喂干稻草 150～200 克，或者黑麦草 150～220 克，每日饲喂 2～3 次，采食过多会使母黑豚鼠过肥。精料方面每只每日补饲 10～15 克，每日饲喂 2 次，饲喂时间分别在上午 8 时和下午 4 时。建议精饲料配方为：玉米 32%，豆粕 16%，麸皮 15%，米糠 35%，食盐 1%，微量元素 1%。

(2)妊娠后期母黑豚鼠的饲养管理　妊娠后期就是妊娠 35 天到分娩的时期。这个时期胚胎生长很快，子黑豚鼠豚出生重的2/3就是在这个时期形成的。此时母黑豚鼠需要供给营养充足的全价饲料以弥补营养不足，保证胎儿正常发育。粗饲料也要多样化，冬季要保证维生素的供给，没有青饲料可以用干稻草来取代。每只母黑豚鼠每日饲喂干稻草 150～200 克，精饲料 20 克。饲喂要进行 2 次，饲喂时间分别在上午 8 点和下午 4 点。建议精饲料配方为：玉米 30%，豆粕 18%，麸皮 18%，米糠 32%，食盐 1%，微量元素 1%。

妊娠后期的母黑豚鼠营养供给要均衡不间断，否则会影响产后母黑豚鼠的配种能力。

妊娠后期母黑豚鼠的管理要点是要保胎保顺产，更换垫草时要使用转运箱，要轻拿轻放，避免惊扰母黑豚鼠。母黑豚鼠妊娠后，除把公黑豚鼠分开，把母黑豚鼠单独饲养外，还须保持环境安静舒适，防止受惊，严禁喧哗，并谢绝外来人员参观，绝不允许换舍和捉拿运输，以免造成流产。养殖池内要使用柔软的垫料，母黑豚鼠排便不畅时，可增加含水量较多的青饲料，或者加少量雷公根，待粪便正常后，停止饲喂。为了防止母黑豚鼠流产，应喂富含维生素的青饲料。在精心饲养管理的同时，必须保证饲料新鲜、干净、多样化，绝不能投喂变质霉烂的饲料，饲料也不能突然改变或更换；饲料投喂应定时定量，以免造成拒食、腹泻、流产和缺乳、死胎等不良后果。

(3)母黑豚鼠分娩管理　母黑豚鼠妊娠到 60 天左右进入临产期，临产前 5～6 天，乳头增大明显，行动迟缓，腹部明显隆起，胎儿、羊水等液体和组织可占体重的一半，最后 1 周耻骨联合分离。耻骨联合分离与否是判断剖宫产手术时机的主要标准。仔多时腹部拖地，行走困难，甚至卧地采食；产前 2～3 天，少食或不食，此时不要误以为有病，乱投药，应尽量减少受惊；有条件的可用黑布或木板遮盖门窗，使其躲在黑暗处做窝；并铺上干净柔软的干草，使黑豚鼠在草窝中安静分娩；临产时，发生“咕噜、咕噜”的低叫声，母体阴部流出羊水和紫红色或粉红色血，即分娩开始。产仔过程一般经 1～2 小时，幼仔体表羊水干后 2～3 小时，即起立行走，寻找母黑豚鼠吸奶。

3. 哺乳期母黑豚鼠饲养管理　母黑豚鼠从分娩到幼仔断奶，这段时间为哺乳期，哺乳期的饲养管理主要是保证母黑豚鼠健康和幼仔正常生长发育。母黑豚鼠分娩后 1～2 天食欲不振，体质虚弱。此时应多喂鲜嫩青绿饲料，少喂精饲料，3 天后逐渐增加精饲料的喂量，到产后 1 周可恢复正常饲喂量。

幼仔在断奶前的正常生长发育，完全依靠母体的乳汁来哺育。虽然幼仔产出后 3～5 天便能采食饲料，但食量很少，不能满足幼仔对营养的需要；为确保幼仔健康发育，必须提高母黑豚鼠的泌乳量。在整个哺乳期,要给母黑豚鼠投喂富含蛋白质、维生素与矿物质的饲料,特别是补充富含维生素的饲料,即每日可补喂复合维生素B、维生素E以及钙片等。由于母黑豚鼠分娩时,体内失去水分较多,应投喂含水量多的青饲料,如胡萝卜、甘薯等,并且每日在日粮中增加些牛奶或豆浆,以提高母黑豚鼠泌乳能力。一般情况下,分娩1周后每只母黑豚鼠每日饲喂干稻草150～200克,精饲料20克。每日饲喂2次,饲喂时间分别在上午8时和下午4时。建议精饲料配方为:玉米30%,豆粕18%,麸皮18%,米糠32%,食盐1%,微量元素1%。在喂量上可根据母黑豚鼠的体况和产仔的数量适当增减。

在分娩后1～2天内,极少数母黑豚鼠有吃仔或扒死仔的恶习,产生这种恶习的原因,一般与母黑豚鼠分娩前受惊,缺食缺水,或者窝内有异常气味等有关。为了克服这种恶性行为,在饲养母黑豚鼠过程中应供足饲料和水,补充富含维生素的多汁青饲料,精饲料可用少量水拌湿投喂,且窝内保持干净清洁;在分娩时,尽量避免人为观望或用手摸幼仔,让母黑豚鼠在安静舒适的环境下分娩。如恶性难改的母黑豚鼠应予以淘汰。

在哺乳期饲养管理中,每日早上都要观察母体的粪便、尿样、食欲、幼仔生长情况,如果发现母黑豚鼠采食不太正常,窝内粪便少,幼仔不吸奶、母黑豚鼠奶水不足或患乳房炎、胃肠炎等疾病,应及时进行处理和治疗,对幼仔及时采取人工喂奶等办法补救,否则幼仔生长发育将受到影响。

在整个哺乳期的饲养管理过程中,为了确保母黑豚鼠安静分娩、哺乳,在这段时间内一般不进行粪便清理;投料时,小心投放,尽量避免外界环境惊扰母黑豚鼠。根据当地气候,调节好哺乳母黑豚鼠饲养舍温度,一般保持在20℃～27℃;夏季温度超过30℃,无风闷热时,要淋泼水或使用湿沙袋降温;冬天舍内温度要保持15℃左右,特别在冬去春来时候,气温变化大,不能让冷风直接吹到黑豚鼠身上，以免母黑豚鼠、幼仔受寒导致疾病发生，影响黑豚鼠正常生长发育。

二、仔黑豚鼠的饲养与管理

黑豚鼠从母体生出到断奶这一段时间内称为仔黑豚鼠。仔黑豚鼠在这段时间，各个器官发育不全，适应环境能力弱，功能调节差，但生长，发育迅速，如管理不好，容易造成死亡，所以抓好仔黑豚鼠的饲养管理是提高仔黑豚鼠成活率的关键。

（一）幼仔的养护

刚产下的仔黑豚鼠，全身有毛，毛黑湿润，两眼紧闭，体重受母黑豚鼠营养状况和胎数多少影响，50克以下的新生仔，死亡率较高。对刚产下的仔黑豚鼠，母黑豚鼠会习惯性地不断用嘴舔干其身上的胎衣与血污，不久幼仔眼睛就能睁开，身上毛干后就能行走，吸吮母乳，3～4天后，可奔跑，活泼可爱，2～3天后可吃青嫩草和少量精饲料。幼仔管理阶段，池、箱内垫些软草，让母、仔安静入睡以及进行母体喂奶。仔黑豚鼠出生后30分钟内一定让其吃上初乳，初乳对增强仔黑豚鼠体质，抵抗疾病和排出胎粪具有很重要的作用。当母体产仔4～6只时，因母体乳头只有2个，仔黑豚鼠往往有抢奶现象。这时对一些体弱的幼仔，可找产仔少的母黑豚鼠“奶妈”代喂，如果找不到“奶妈”，可用人工补喂。具体方法是：找一个废旧干净的眼药水瓶，用温开水注入瓶内充分清洗几次后，灌入稀释的熟牛奶或麦乳精，然后在瓶口套一截气门芯，将气门芯放入幼仔口中，轻压眼药水小瓶，进行哺乳，3～5秒就可喂饱1只仔黑豚鼠，每日3～4次。这样，能保证多产的仔黑豚鼠及时吃到奶水，提高幼仔黑豚鼠成活率。人工喂奶要持续到仔黑豚鼠能吃精饲料为止，停奶后要喂足青饲料和精饲料，每日早、晚各喂青、精饲料1次，深夜有条件的可补加一些，以不剩余为度。第二天把剩下的旧料清理后，再喂新料，不能把剩余的饲料留在食盒内，以免发霉变质。

(二)适时补饲

幼仔黑豚鼠一般在3日龄开始补饲，可以让幼仔黑豚鼠采食优质的青草、树叶或混合饲料以促进生长。补饲时要注意少食多餐，定时定量，特别要注意不要一次性喂得过多，以免引起消化不良，影响仔黑豚鼠消化功能。

(三)防寒保暖

幼仔黑豚鼠刚出生时，体温随着外界温度的变化而改变，特别是在出生后5天内，对外界温度变化抵抗力差。一般仔黑豚鼠出生后3日内要求的舍内温度为25℃～29℃。在早春和冬季温度较低时，应及时用布封闭门窗，在池内垫铺干燥、柔软的稻草或杂草防寒保暖；夏天气候炎热时，要做好养殖舍的通风和降温防暑工作，确保仔黑豚鼠安全过冬越夏。

(四)适时断奶

断奶时间和方法对仔黑豚鼠以后的生长发育影响很大。断奶时间过早不利于仔黑豚鼠以后的生长发育，断奶时间过迟又会影响下一个繁殖周期。

仔黑豚鼠断奶时间通常为夏、秋季15日龄，春、冬季20日龄。这段时间能补足奶水或给母体增补营养，幼仔黑豚鼠发育就快，在断奶时，体重可达200克左右。

断奶方法分为一次断奶和两次断奶。全窝仔黑豚鼠都健康而且发育均匀，可采用一次断奶，断奶这天母、仔一次性全部分开，减少母黑豚鼠饲料喂量促使停奶。如果全窝仔黑豚鼠大小不一，生长发育不均匀，或者有的将作为种用，可采用分批断奶的方法，将比较小的或作为种用的仔黑豚鼠继续哺乳，其余的与母黑豚鼠分开。比较小的或作为种用的仔黑豚鼠 5～6 天后根据具体情况再全部分开。

（五）卫生管理

初生幼仔黑豚鼠的粪便少而小，对环境卫生影响不大。可在断奶后 14～20 天对其粪便和食物残渣进行 1 次大清理，然后垫上新鲜软干草。

三、青年黑豚鼠的饲养与管理

从断奶到 60 日龄的黑豚鼠称为青年黑豚鼠。这个阶段，幼黑豚鼠刚刚断奶，消化功能还较弱，对粗纤维食物的消化能力比较低，要合理饲喂，科学管理，才能提高成活率和养殖效益。

（一）合理饲喂

对断奶的仔黑豚鼠仍喂给断奶前的饲料，要求饲料体积小，营养好，容易消化，随日龄的增加要逐步提高幼黑豚鼠采食粗纤维能力，每日除先喂定量的精饲料外，还要喂青饲料。精饲料以玉米、麦麸等易消化，含有高营养成分的饲料为主。同时，在饲料中添加少量的鱼粉和骨粉、食盐、维生素、生长素等物质；青饲料以甜象草、匍匐茎的幼嫩茎叶和胡萝卜、甘薯、瓜皮等多汁饲料为主。数量以吃饱为宜，防止仔黑豚鼠由于贪食而引起消化道疾病，也要防止留作种用的后备黑豚鼠过肥。这段时间注意不要投喂纤维太多的老叶和茎，也不要让幼黑豚鼠采食过多，以免难以消化引起胃肠臌胀，甚至粪便难以排出，严重时导致停食，如不及时治疗，可在短时间内死亡。当发现此种食欲减少的情况时,可在饲料中添加一些酵母片拌喂,促进消化。

(二)科学管理

在管理方面青年黑豚鼠要按窝合成小群,或按日龄、强弱、大小分开饲养,每小群以 6～15 只为宜。有条件的养殖场要让青年黑豚鼠多运动多晒太阳,以增强体质。

(三)投料量与时间

青年黑豚鼠日饲喂量为 10～20 克精饲料,100～250 克青饲料,每日 2 次,一般饲喂时间分别为上午 8 时和下午 4 时,早餐少喂,下午多喂。这是因为幼黑豚鼠夜间活动频繁,营养耗量大。遇到干燥的天气可喂些水,饮水量每日 100 毫升左右。如喂含水量多的青饲料时可少喂或不喂水,喂干料多时,多喂水。

(四)清洁卫生

每天要把饲养舍池内残余的饲料及时清理,然后再喂新鲜饲料,以免使新旧料混合而致变质发霉。粪便每 2～3 天清理 1 次,最好做到天天清理。清理出的粪便可堆放在别处沤制农家肥,也可倒入沼气池生产沼气。清理粪便后应随之垫些软草,并把舍内打扫干净,发现病害要及时隔离治疗。

四、成年黑豚鼠饲养与管理

(一)分池(笼)饲养

待青年黑豚鼠生长稳定后,即可分池进行成年黑豚鼠饲养管理。一般按体重大小与体质强弱分池饲养。为了防止发生近亲早配现象，也可分公、母群养。每平方米可放 5～8 只，以便于活动，这样有利于采食均匀，生长发育平衡，同时也能使弱小的幼黑豚鼠体质恢复快，赶上强壮黑豚鼠的生长速度。

（二）饲料投喂定时定量

为了适应黑豚鼠特定的生活习性，投喂尽量做到定时定量，按早餐少投，晚餐多投的原则。早、晚各投放 1 次饲料，早上 7～8 时为早餐，下午 5～6 时为晚餐，中餐有条件的可添加一些青饲料，一般每只每日成年黑豚鼠饲喂量为青饲料 300～500 克，精饲料 20～30 克，以食完不剩为度，随其食量情况而加减。发现突然吃少、活动力差的，要及时检查原因及时防治。青饲料与精饲料要保持新鲜，绝不能喂腐败变质霉烂的青饲料和精饲料。喂颗粒饲料要喂水，或者用干净的水拌饲料呈半干湿状态投喂。青饲料以甜象草等优质牧草为好，如果长期不供青饲料，成年黑豚鼠会严重缺乏维生素，发生严重脱毛等疾病。所以，成年黑豚鼠饲养要以青饲料为主，精饲料为辅，青饲料、精饲料搭配投喂，以此提高消化率。如短期缺青饲料，每只每日可增加维生素 C 拌饲料喂。要特别注意青饲料或维生素的补充，除青饲料草类外，也可以增加果皮与胡萝卜等果蔬类，防止成年黑豚鼠发病，确保健康。

成年黑豚鼠对饲料改变反应敏感，一旦更换饲料，其食量会立即减少，但一旦适应了新饲料后，又能喜爱此种饲料。对成年黑豚鼠的基础日粮，常年无须变更，若要更换时，应该逐渐增加新饲料数量，同时相应减少原有饲料的比例，或者新、旧各一半投喂。虽然黑豚鼠食性杂，也应使其对新饲料有个适应过程。在炎热的夏天，每隔 10 天左右添加些雷公根、穿心莲、金银花等草药，以清热解毒，清理胃肠，消炎，增加食欲，减少疾病。

(三)饲养检查

饲养人员在喂养管理过程中,要经常注意观察检查成年黑豚鼠的生活情况,一般从以下几方面进行观察:

1. 看食量 在正常情况下,待当餐按量投喂的精饲料吃完后,再按量投喂青饲料,以第二餐喂前精饲料、青饲料都吃完为食欲正常。食欲旺盛的黑豚鼠身体健壮有力,眼睛乌黑,毛黑发亮,活泼有神,灵敏。如果第二餐前剩料多,证明食欲不振。成年黑豚鼠无精打采,整天昏睡,在池边不大活动或活动不灵敏,喂前没有饿叫声,这是不正常的现象,可能该黑豚鼠患病了,应及时找出原因并采取相应措施进行防治。

2. 看粪便 成年黑豚鼠刚排出的粪便,表面光滑成椭圆形,干后褐色,易碎,则为正常(粪便颜色的变化常与饲料有关);如果排出的粪便量少而硬,形状小,不易碎,说明便秘,是食物过干等原因造成;如果排出的粪便多而又成形,不易干,含水量多,肛门沾有稀粪,有臭味,可能是患了胃肠炎引起腹泻,发现这种情况,应考虑饲料是否过干或过湿,除改进投喂精饲料外,可在饲料中添加乳酶生或土霉素,或者喂些穿心莲等。观察成年黑豚鼠排尿时,有尿印明显、微湿,是正常的尿,如果草窝过湿,扫粪不动,则表明青饲料水分过多。排尿没有印的,是饲料水分过少,要根据天气变化而进行饲料干湿的调节。

3. 看体型 正常的成年黑豚鼠粗壮,捉起来有力,弹力强,体大,眼黑发亮有神。头颈粗而大,前后身饱满均匀,四肢有力。若前大后小且发育不均匀,皮肤松弛,毛失亮而乱,眼睛凹陷无精打采,活动力差,是有病或营养不良消瘦的表现。

4. 看毛色 正常成年黑豚鼠毛色乌黑发亮有脂肪光泽,分布密度均匀。成年黑豚鼠吃饱后喜欢擦身,保持全身光亮;如果成年黑豚鼠不爱擦毛,毛色不光亮乌黑,枯燥且乱,直立,脱毛,背上部分毛脱掉或脱皮，则表明发育不正常，其原因与饲料营养有关，主要是缺乏维生素C，也可能青饲料和精饲料中营养不足，阳光直射引起脱毛、脱皮，缺乏光泽。这时应增加青饲料，补足营养成分，可在精饲料中加些熟花生油或用油炒饭喂，或者添加少量花生饼投喂；还要减少直射光，或检查是否胃内有线虫，及早治疗。

5. 看活动　正常的成年黑豚鼠喜欢连蹦带跳，互相逗玩，招人喜爱，每当饲养员开门时，多数前肢双双举起合十，后肢直立，欢迎进来投喂。对于精神不振低头躲入草窝内、高温时昏睡、活动力不强的成年黑豚鼠，应及时检查治疗。

6. 听叫声　成年黑豚鼠发出“吱、吱、吱”的尖叫声，表示要求饲养员快点来喂，当有了饲料时，即表现安静吃食不发出叫声；如果听到某种异常的声音时，全群成年黑豚鼠会发出“咕噜、咕噜”的共鸣以示警戒，各自躲起来；公黑豚鼠与公黑豚鼠相斗时，相互发出“格、格、格”的恶狠对叫声；当母黑豚鼠发情时，公黑豚鼠即在旁边发出“咕噜、咕噜”的低鸣求偶声，边叫边追赶母黑豚鼠；公黑豚鼠交配过后即发出“啾、啾、啾”的鸣叫声，表示愉快和满足感，以声代言，饶有风趣。

（四）防暑降温

成年黑豚鼠在暑天气温超过37℃以上，没有凉风的情况下，会烦躁不安，呼吸加速，经常躲在阴凉的地方，食量减少，生长慢。这时要注意舍内通风，使空气对流，有条件的装上排风扇排除热气，通入新鲜空气，使黑豚鼠在暑天能舒适地生活。

成年黑豚鼠因高温中暑而死亡的很少，但影响生长。由于体内所需要的水分都是通过饲料吸收，特别是通过青饲料吸收的，所以，夏季应增加多汁饲料，如西瓜皮、凉薯、甘薯等，多汁青饲料应占50%，使每只成年黑豚鼠得到100克左右的多汁青饲料，除早餐外，中午宜多添加青饲料，也可定时添加些雷公根、穿心莲等草药由其自由取食，可起到清热解毒的作用。

夏季应降低成年黑豚鼠饲养密度，一般比冬季要小一些。与冬季的饲养密度相比，夏季时节小的饲养池应减少 2～3 只，大池群养也相应地减少饲养密度，防止成年黑豚鼠晚上堆挤在一起睡觉，受热得病。

在夏天炎热的暑日，可在成年黑豚鼠养殖池边放置装有湿沙的麻袋，每天中午往沙袋上泼 1～2 次水，一次不宜泼得太多，以地面不湿为宜，这样可使舍内温度降低 1℃～2℃。

夏天，在成年黑豚鼠养殖池屋顶上面种上瓜类或葡萄等藤蔓植物，或在养殖房周围种上阔叶树木，减少阳光直射，对降温防暑可起到一定作用。

（五）防冻保暖

在冬季要防止冷风直吹入养殖舍内，门窗要用麻袋封住，池内要加厚垫草。当温度降到 10℃以下时，成年黑豚鼠往往躲到草中间取暖，垫草最好在气温上升到 20℃时才清理。成年黑豚鼠最怕冷空气入侵，特别是冬去春来受冷空气突然侵入时，易造成死亡，所以在冬季要做好保暖防寒工作，在冬春之交的日子里，不能天一暖就全部打开对流门窗，要等温度比较稳定后，逐渐打开门窗的防寒挂袋，先开南窗后开北窗，白天开，晚上关，使成年黑豚鼠逐步适应新气候。要注意窗口的寒风不能直吹到成年黑豚鼠身上，防止一冷一热引起感冒和死亡。

（六）清理卫生

成年黑豚鼠正处于生长旺盛阶段，吃得多，消化率高，长得快，排出的粪便也多，因此池窝里和舍内应经常打扫卫生。饲养员每天都要打扫粪便和清理残食 1 次，定期把食盆、水盆洗刷干净；池内的粪便清理完后,要及时放回垫草或木屑吸湿。要防止鼠类等天敌入舍,使成年黑豚鼠在安静、清洁、舒适的环境中生活。

五、商品肉黑豚鼠的饲养与管理

商品肉黑豚鼠是由两种黑豚鼠肥育而成的。一种是专供肥育的仔黑豚鼠,另一种是被淘汰的种黑豚鼠。一般情况下商品肉黑豚鼠屠宰后出肉率高达60%～70%。

(一)肥育原理

商品肉黑豚鼠的肥育主要从两方面入手。一方面设法让黑豚鼠体内蓄积营养,另一方面尽量减少黑豚鼠体内营养的消耗。在肥育期间除实行科学饲养注意营养的供给外,还要限制肥育黑豚鼠的运动,减少光照并保持舍内安静,这样有利于肥育和提高黑豚鼠肉的品质。

(二)肥育措施

1. 肥育饲料 肥育可分为前期、后期两个阶段。前期以青粗饲料为主,精饲料为辅,使消化功能得到充分锻炼,为肥育后期做好准备。进入肥育后期,即上市前20～30天,逐渐增加精饲料的饲喂量,但粗纤维不能低于10%,以免引起消化紊乱。肥育期的饲料品种要相对稳定,不要轻易改变饲料的组成。在进行饲料配合时,饲料品种至少在3种以上,而且要求营养符合饲养标准。

2. 饲喂方法 采用自由采食方式饲喂黑豚鼠,肥育效果往往优于限制饲喂,但采用颗粒饲喂和粉粒饲喂要特别注意供给足够的饮水。

3. 温度和光照 适宜黑豚鼠肥育的环境温度为5℃～28℃,温度过低或过高都不利于肥育。减少光照可以改善肥育效果。

第六章　黑豚鼠的繁殖与育种技术

黑豚鼠是哺乳动物，种群和数量，决取于其繁殖速度和死亡率高低，雌、雄的性比例，生育次数，每胎产仔数，受胎率，营养条件，饲料来源，饲养周围环境气候变化的影响。在人工养殖黑豚鼠时要按照这些要求创造良好的生长发育环境条件，提供全价营养饲料，使其顺利繁殖，壮大种群数量。

一、育种技术概述

(一)杂交繁育

杂交繁育就是通过两个或两个以上品种的公、母黑豚鼠交配，丰富和扩大群体的遗传基础，再加以定向选择和培育，经过若干代选育后可达到预定目标，形成新品种。参加杂交的品种要有生产性能好、抗病力强、体型大等优点。为使杂交后代的优良性状与特点得到巩固和发展，应保证培育与饲养条件，对杂交后代的饲养水平要一致，要严格按选种指标选种。当杂种后代各项指标达到要求时，要及时进行性状固定工作。

简单的杂交育种，是通过两个品种杂交，来培育新品种的方法。由于用的品种少，遗传基础相对比较少，获得理想类型和稳定其遗传性比较容易，所以需用的时间较短。但在培育前需要设计杂交培育方案，选用的品种其遗传基础要清楚，杂交方式、培育条件与整个工作内容都要有一个完整的设计方案，这样有助于目标的完成。

复杂杂交育种，是多品种杂交培育新品种的方式。由于遗传基础较多，杂交变异范围较大，需要的培育时间也长。以哪个品种为主，使用另外哪几个品种及其先后，都要经过估计或试验确定，因为后使用的品种对杂交后代作用较大。

（二）纯种繁育

也叫本品种选育，一般指在本品种内部，通过采用选种、选配和品系繁育手段，改善本品种结构，以提高该品种性能的一种方法。它的含义较广，应用时也比较灵活。

目前，我国饲养的黑豚鼠其生产性能已达到较高的程度，体质和毛色也比较一致，选配的目的是要保持和发展本品种原有的独特优点和特有的性能，克服本品种的缺点。选配时，要严格控制近交程度，避免近交衰退现象的出现。通常采用的措施是将养殖场分成几个区，各区之间的公、母黑豚鼠不能随意流动，以达到防止近亲繁殖使得过于频繁品种退化的目的。

总之，育种的目的是为了防止品种退化，不断改善和扩大现有品种，增加优良个体的数量，培育新的品种，最终目的是改进肉的产量和品质以及毛皮品质。通过合理的饲养管理，采用合理选种选配或杂交等手段，培育出品质好、体型大、繁殖力高、生命力强和适应性强的优良种群，进而培育出我国黑豚鼠新品种。

（三）育种原则

根据育种目标要求，一般应按照下列原则进行：

第一，亲本应有较多优点和较少缺点，亲本间优、缺点力求达到互补。

第二，亲本中至少有一个是适应当地条件的优良品种，在条件严酷的地区，亲本最好都是适应环境的品种。

第三，亲本之一的目标性状应有足够的遗传强度，并无难以克服的不良性状。

第四，生态类型、亲缘关系上存在一定差异，或在地理上相距较远。

第五，亲本的一般配合力较好，主要表现在加性效应的配合力高。

杂交育种是培育家畜新品种的主要途径。通过选用具有优良性状的品种、品系以至个体进行杂交，繁殖出符合育种要求的杂种群。在扩大杂种数量的同时要适当进行近交，加强选择，分化和培育出高产且遗传性稳定，并符合选育要求的各小群，综合为新品种。

（四）杂交育种技术

1. 亲本的选择 选择亲本的原则首先要尽可能选用综合性状好，优点多，缺点少，优缺点或优良性状能互补的亲本，同时也要注意选用生态类型差异较大、亲缘关系较远的亲本杂交。在亲本中最好有一个能适应当地条件的品种。要考虑主要的育种目标，选作育种目标的性状至少在亲本之间应十分突出。当确定一个品种为主要改良对象，要针对它的缺点进行改造才能收到好的效果。

2. 采用的组合方式 杂交方式亲本确定之后，采用什么杂交组合方式，也关系育种的成败。通常采用的有单杂交、复合杂交、回交等杂交方式。

（1）单杂交 即两个品种间的杂交（单交），用甲×乙表示，其杂种后代称为单交种，由于简单易行、经济，所以生产上应用最广。

（2）复合杂交 即用两个以上的品种、经两次以上杂交的育种方法。如果单交不能实现育种所期待的性状要求时，往往采用复合杂交，其目的在于创造一些具有丰富遗传基础的杂种原始群体，这样才可能从中选出更优秀的个体。复合杂交可分为三交、双交等。三交是一个单交种与另一品种的再杂交，可表示为(甲×乙)×丙。双交是两个不同的单交种的杂交，可表示为(甲×乙)×(丙×丁)或(甲×丙)×(乙×丙)。

(3)回交　即杂交后代继续与其亲本之一再杂交，以加强杂种世代某一亲本性状的育种方法。当育种目的是企图把某一群体乙的一个或几个经济性状引入另一群体甲中去，则可采用回交育种。

二、黑豚鼠的繁殖与育种技术

(一)雌、雄鉴别方法

在鉴别雌、雄性别时，用左手轻轻捉着黑豚鼠的头颈背部，用拇指托住它的左肩，用其余四指握住黑豚鼠右肩与胸部，轻轻把它拿起来(此时应避免压迫胃部)，使腹部向上，然后用右手拇指或食指轻轻推压其会阴部，看有没有阴茎出现或有无外阴部的形状。有阴茎者为雄性，有外阴部者为雌性。

(二)选　种

在新建立的黑豚鼠群体中或在人工饲养繁殖过程中，要时时注意选育优良品种作繁殖种黑豚鼠。其优良品质特点是：体壮丰满，骨骼结实且粗壮，全身纯黑色，毛色光亮乌黑，毛密实而洁净，营养良好；举动灵敏活泼，头为平圆形，头颈、胸、腹紧凑，四肢整齐而有力，无变形；眼清黑而明亮，无分泌物；鼻潮润，无脱毛现象，呼吸平稳；皮肤柔软而有弹性，无皮肤病，没有虱害。雄性体健姿雄，食欲好，抗病强，生殖器官发育好，睾丸大而左右对称，阴茎发育正常，性欲、配种力强，性情温顺，易驯化；雌性体健壮大，食欲强，抗病能力强，阴部发育正常且洁净，乳房发育良好，乳头突出，多胎多仔成活率高,发情正常,性情温顺,泌乳量多。

(三)配　种

黑豚鼠性成熟期:雌体出生后 40～60 天,雄体出生后 70～80 天。雌体性周期 12～18 天,一般 16 天,为了保持品种优良。一定在黑豚鼠生殖器官发育完善,达到体成熟之后,才能让其交配,过早交配,仔黑豚鼠发育受影响。一般在雌体出生后 2～3 个月,雄体出生后 3～4 个月交配较好,生产的仔黑豚鼠粗壮、性能好。

雌体在性周期内,发情持续 1～18 小时,平均 9 小时,一般在下午 5 时至早上 5 时较多,在深夜交配效果好。雌体排卵往往是在发情将要结束的时候;配种如果选准在此时间为最佳,可提高受胎率。

配种成功的标志:在配种时,要注意观察雄体追赶雌体时的情况,雌体亲昵温顺表示接受交配,不发情的雌体会抗拒雄体追赶,并与雄体拼搏。鉴定交配成功的方法,是在交配后检查雌体阴道口有没有像胶一样的栓塞,这种栓塞是雄体精液和前列腺分泌物的混合物,根据有无这种栓塞,可断定黑豚鼠是否配种成功。但是这种栓塞有时由于活动会脱落。必要时可取雌体阴道口的内容物检查,看看有无精子,从而确定交配是否成功。在雌体发情期,雌、雄分居后就应掌握好这个大好时机,争取一次交配成功。

在大群饲养时,多数采用 3～4 只雌黑豚鼠与 1 只雄黑豚鼠进行交配,切忌同时放 2 只雄黑豚鼠抢配雌体,这样容易产生争斗致伤,影响配种。如果作为原种繁殖,可采用一母一公交配方式进行,如此时母体还带仔,待其仔断奶后,再让它们同居配种。在养殖过程中,为了寻找一种比较好的配种方法,采用如下几种配种方式进行:

1. 近亲自由交配方式　这种方式即把同种繁殖出来的后代,待达到性成熟后,按 1 公 1 母、1 公 2 母和 1 公 3 母各成一组(池)自由交配,每个组(池)产出的仔又照样分成三个组(池)不同代近亲配对。经过几代繁殖结果，1 公 1 母这种方式，每胎产仔平均 3.5 只，断奶后幼仔成活率都达到 100%；1 公 2 母和 1 公 3 母的多代近亲交配方式，平均产仔都在 3 只以上，但代数多后必然出现返祖现象。众所周知，生物近亲近代交配必然出现异变、返祖、奇形变种等不良现象，不能繁殖出纯黑品种，并且这种变种还随着代数增多而增加，会出现体质弱的退化现象，因此绝对不能作繁殖优质黑色品种使用，在饲养繁殖中一定注意近亲不要交配。

2. 远亲交配方式　远亲交配方式即是采用不同父母代的远亲公母配种，挑选体质健壮，年龄相近，生育能力相同的不同父母代的体成熟公母按 1 公 1 母、1 公 2 母和 1 公 3 母等组合，每组又分为不同代数的饲养，由其自由交配，各组产下的仔到性成熟时，又把其各组互相交叉自由交配，这样经多组交叉自由交配产出后代，受胎时间都在 70 天左右，平均产仔数每胎 4 只，断奶前成活率都在 90%～100%。采用此种远亲交配方式，不管哪一代，只要是远亲组合交配，都没有出现返祖杂种现象，能保持纯黑色毛品种。

3. 远亲大群饲养交配方式　挑选体质强壮、年龄与生育性能相近、抗病力强的远亲体成熟的黑豚鼠分成不同的配种组，每组公体 2～4 只，母体 5～10 只，分组同群按常规饲养。这种远亲大群饲养交配方式的好处是：母体发情时能找公体及时受配，受胎率高；群养能形成受精卵的异质性，能提高后代的生命力，纯黑品种高；占地少，用工省，易管理；食欲旺盛，母体能自由选公体交配。但是不利于单个交配，往往出现公体因争夺配偶而互相争斗咬伤的情况，有的公体因争配次数过多而体力消耗过大，影响健康；由于多公多母群体饲养，母体产下的仔常常被采死，伤亡率比较高，如果在母体妊娠后，把母体捉出来单独饲养，待幼仔断奶离母后，再把母体放回大群饲养，这样可以减少伤害率，提高幼仔成活率。在此种群体远亲饲养交配组合中，一般以 2 公 5 母或 3 公 8 母搭配组合比较好，平均每胎产仔 3.5～4.2 只，幼仔断奶前成活率达

81%～94.4%。

4. 公、母临居交配方式 公、母平时不在一起同居饲养，等母体产仔断奶后或在母体产仔后12小时内，把公体放进母体让其临居交配，交配成功后再把公体捉出分居饲养。或者待母体妊娠肚大时，把公体拿出饲养。这样周而复始，由于公体交配时间短，能保持精力充沛，母体受胎率高，并能有效地保护母体带仔，具有产出的后代强壮、成活率高、抗病力强等优点。实践证明，在饲养选育中，采用此种远亲公、母临居控制交配方式较为现实和理想，平均每胎产仔3.7～4.4只，断奶前幼仔成活率达93%～97.1%，其中以1公2母临居饲养交配为好，若母体太多，会因公体精力消耗过大而配不上，错过母体发情期。

5. 妊娠、产仔、哺育 黑豚鼠在发情期，卵子从卵巢排出之后，经过输卵管到达输卵管膨大部，一旦与公体精子结合为受精卵，这样的受精卵就沿着输卵管不断向前直到子宫，在子宫壁着床，发育成胚胎。黑豚鼠母体血液通过胎盘绒毛膜内皮细胞向胚胎供给营养，使胎儿不断生长发育，母体腹部随之膨大、下垂，直到腹拖地明显。妊娠末期，母黑豚鼠乳房发育迅速。

产仔前3～5天，母体用牙拨开乳头边的毛丛，使乳头露出并清洁外阴部。临产前，母体停食1～2餐，行动不安，有腹痛的表现，发出“咕、咕”的低鸣声，后腿有弯蹲和排便姿势，随后排出羊水和血污。产仔时，幼仔头先出，身体很快落地，接着母体咬断脐带吃掉胎盘，不断地舔干幼仔身上的羊水。产完仔一般用1～2小时，刚产下的仔体重50～100克，经2小时即能站起寻母吸奶。母体都在产地旁边喂奶。产出的幼仔3天后即能吃鲜嫩青饲料，5天可吃精饲料，开始奔跑，活泼可爱。因为母体奶头只有2个，产多的幼仔只好轮流吸母乳或由人工补喂牛奶类，以利于提高成活率。一般产仔后育养14天可让母体断奶，进行分开饲养，促进母体身体恢复健康，以便再次配种生产。

第七章　黑豚鼠的常见疾病防治

一、疾病概述

（一）疾病的概念及致病因素

1. 疾病的概念　“疾病”是机体在一定条件下，由病因与机体相互作用而产生的一个损伤与抗损伤斗争的有规律过程，体内有一系列功能、代谢和形态的改变，临床出现许多不同的症状与体征，机体与外界环境间的协调发生障碍。

机体内各系统之间的平衡营造了一个适合于生命活动特点的内部环境，这称为内环境。疾病是体内内环境不平衡的结果，是内环境不足以抵抗严重的应激、创伤、传染性病原体、毒物、先天性代谢缺陷、营养不良或衰老的结果。疾病的后果取决于受影响的部位、正常功能受损的程度以及发病动物原先的健康状况、年龄、性别和性格等特征。

2. 致病因素

（1）生物性的致病因素

①来源　病原微生物、寄生虫及其产生的毒物。

②特点　对机体有一定的选择性；产生毒素对机体有损害；引起的疾病有一定特异性；有传染性。

（2）物理性的致病因素　热（烧伤、灼伤、日射病、热射病）、冷（冻伤、降低抵抗力）、电流（雷击伤、交流电损伤）、电离辐射（放射病）、光致病作用（红外线、紫外线）、噪声。

(3)化学性的致病因素　各种化学毒物污染;高密度集约化饲养,舍内产生的氨气(NH_3)和其他有毒气体;饲料调制不当,保管不当;体内腐败发酵分解产物的吸收。

3. 疾病的发生　致病因素时刻都会作用于动物机体,动物机体也不能被动挨打,它会时刻调动自己的防御能力来抵抗这些不利因素。两者相互斗争,处在一个相对平衡状态,动物就表现为亚健康状态。

亚健康状态可能朝两个方面发展:

第一,朝越来越健康的方向发展。动物身体健康,抵抗力强大,致病因素在体内无发展空间,机体的防御力量很快把它们消灭。所以,动物最后是健康的。

第二,朝着越来越不健康的方向发展。当动物受到致病因素的攻击超过了机体本身的防御能力,就会表现出明显的临床症状,也就是发生我们临床所见的疾病。

因此,按照中医学的防病治病原则,就是要"扶正祛邪"。因为90%以上的疾病都是由于机体抗病力下降,所以我们只要保持动物的抗病能力或者加强这种抗病能力,这样90%以上的疾病就不会发生。因此我们要扶正,也就是要采取各种技术措施保持或增强动物机体本身的抗病能力。

另外,就是要祛邪,即通过采取各种技术措施减少或消灭各种致病因素,具体概括为18个字:栏干、食饱、水好、驱虫、防疫、消毒、通风、保暖、防寒。

(二)黑豚鼠的防卫功能

1. 免疫系统

(1)概念　免疫系统是动物体内能识别非自身物质,并能将其消灭或排出的系统。它是由免疫器官、免疫组织、免疫细胞、免疫分子等组成的一个非常复杂的系统。

(2)免疫的基本特性

①识别自身与非自身　免疫功能正常的动物机体能识别自身与非自身的大分子物质，这是机体产生免疫应答的基础。动物机体识别的物质基础是存在于免疫细胞(T淋巴细胞、B淋巴细胞)膜表面的抗原受体，它们能与一切大分子抗原物质的表位结合。免疫系统的识别功能是相当精细的，不仅能识别存在于异种动物之间的一切抗原物质，而且对同种动物不同个体之间的组织和细胞的微细差别也能加以识别。

②特异性　动物机体的免疫应答和由此产生的免疫力具有高度的特异性，即具有很强的针对性。

③免疫记忆　免疫具有记忆功能。动物机体在初次接触抗原物质的同时，除刺激机体形成产生抗体的细胞(浆细胞)和致敏淋巴细胞外，也形成了免疫记忆细胞，对再次接触的相同抗原物质可产生更快的免疫应答。动物患某种传染病康复后或用疫苗接种后，可产生长期的免疫力，归功于免疫记忆。

(3)免疫的基本功能

①抵抗感染　抵抗感染是指动物机体抵御病原微生物的感染和侵袭的能力，又称免疫防御。动物的免疫功能正常时，能充分发挥对进入动物体内的各种病原微生物的抵抗力，通过机体的非特异性和特异性免疫，将病原微生物消灭。若免疫功能异常亢进时，可引起变态反应；而免疫功能低下或免疫缺陷，则可引起机体微生物的机会感染。

②自身稳定　自身稳定又称免疫稳定。在动物的新陈代谢过程中，每日可产生大量的衰老死亡的细胞，免疫的第二个重要功能就是将这些细胞清除出体内，以保持机体的生理平衡。若此功能失调则可导致自身免疫性疾病。

③免疫监视　机体内的细胞常因物理、化学和病毒等致癌因素的作用变为肿瘤细胞。动物机体免疫功能正常时，即可对这些

细胞及时加以识别，然后清除，这种功能即为免疫监视。若此功能低下或失调，则可导致肿瘤的发生。

2. 非特异性免疫力

(1)非特异性免疫的构成

非特异性免疫：指机体生来具有的能防御及消除病原体及其他异物侵害的性能，它作用的对象无选择性，称非特异性免疫。

非特异性免疫具有如下特点：

第一，它是生物体在长期的种系进化过程中形成的，是体内一切免疫力的基础；

第二，非特异性免疫是每个正常个体均有，作用无特异性；

第三，它发生快，当初次与外来异物接触时就立即出现防护反应，随后才导致产生特异免疫力。非特异性免疫力主要包括生理屏障作用、细胞吞噬作用和正常体液作用等。

(2)防御屏障　防御屏障是生理状态下动物具有的正常组织结构，包括皮肤和黏膜等构成的外部屏障和多种重要器官中的内部屏障。它们对病原微生物的侵入起阻挡作用。

①皮肤黏膜的体表屏障　构成机体的第一道防御线，包括物理、化学和生物作用。

健康完整的皮肤和黏膜具有强大的阻挡病原微生物入侵的作用。鼻孔中的鼻毛，呼吸道黏膜表面的黏液和纤毛，都能机械地阻挡并排斥微生物。皮肤的汗腺分泌的不饱和脂肪酸，也有一定的杀灭细菌作用。但少数病原微生物如羊布氏杆菌、野兔疫杆菌和钩端螺旋体等，可突破健康皮肤和黏膜的屏障作用，侵入体内引起传染。

②内部屏障

淋巴结的内部屏障是机体的第二道防御线，当病原体一旦突破皮肤、黏膜的外围屏障进入机体组织内，它们将随着组织液与淋巴液运送到淋巴结内，淋巴结内的树状细胞可将其捕获固定，继而被吞噬细胞销毁，阻止它们向深部组织扩散蔓延。

血脑屏障：由脑毛细血管壁、软脑膜和胶质细胞等组成，能阻止病原微生物和大分子毒性物质由血液进入脑组织与脑脊液，是防止中枢神经系统感染的重要防卫机构。幼小动物的血脑屏障发育尚未完善，容易发生中枢神经感染。

胎盘屏障：是母胎界面的一种防卫机构，可以阻止母体内的多种病原微生物通过胎盘感染胎儿。不过，这种屏障是不完全的，如黑豚鼠妊娠母体感染布氏杆菌后往往引起胎盘发炎而导致胎儿感染。

动物体内还有多种内部屏障，能保护体内重要器官免受感染。如肺脏中的气血屏障，能防止病原体经肺泡壁进入血液；睾丸中的血睾屏障，能防止病原微生物进入精细管。

(3)非特异性细胞的吞噬作用

机体内的吞噬细胞，包括单核-吞噬细胞系统的细胞和血液中的嗜中性白细胞、嗜酸性白细胞等，具有吞噬异物的功能，可以将侵入体内的微生物吞噬、消化或溶解，在抗御传染上起着一定的作用，这些吞噬细胞吞噬微生物的作用是不相同的。例如，嗜中性白细胞主要吞噬一些引起急性传染的病原体，如葡萄球菌、链球菌等；巨噬细胞则吞噬那些引起慢性传染病的病原体，如布氏杆菌、结核分枝杆菌等。

①吞噬细胞　吞噬细胞是吞噬作用的基础。动物机体内的吞噬细胞主要有两大类。一类以血液中的嗜中性粒细胞为代表，具有高度移行性和非特异性吞噬功能，个体较小，属于小吞噬细胞。它们在血液中只存活 12～18 小时，在组织中存活 4～5 天，能吞噬并破坏异物，还能吸引其他吞噬细胞向异物移动，增强吞噬效果。嗜酸性粒细胞具有类似的吞噬作用，还具有抗寄生虫感染作用，但有时能引起过敏反应。另一类吞噬细胞形体较大，为大吞噬细胞，能黏附于玻璃和塑料表面，故又称为黏附细胞。它们属于单核吞

噬细胞系统,包括血液中的单核细胞,以及由单核细胞移行于各组织器官而形成的多种巨噬细胞,如肺脏中的尘细胞、肝脏中的枯否氏细胞、皮肤和结缔组织中的组织细胞、骨组织中的破骨细胞、神经组织中的小胶质细胞等。它们寿命长达数月至数年,不仅能分泌免疫活性分子,而且具有强大的吞噬能力。

②吞噬的过程　吞噬细胞与病原菌或其他异物接触后,能伸出伪足将其包围,并吞入细胞质内形成吞噬体。接着,吞噬体逐渐向溶酶体靠近,并相互融合成吞噬溶酶体,其中的溶酶体扩散后,就能消化和破坏异物。

③吞噬的结果　与机体的抵抗力、病原菌的种类和致病力有关,一般有两种不同的结果。

完全吞噬:动物整体抵抗力和吞噬细胞的功能较强,病原微生物在吞噬溶酶体中被杀灭、消化后连同溶酶体内容物一起以残渣的形式排出细胞外。

不完全吞噬:某些细胞内寄生的细菌如结核杆菌、布氏杆菌及某些病毒等,虽然被吞噬却不能被吞噬细胞破坏而排出,称为不完全吞噬。不完全吞噬可使吞噬细胞内的病原微生物逃避体内杀菌物质及药物的杀灭作用,甚至在吞噬细胞内生长、繁殖,或者随吞噬细胞的游走而扩散,引起更大范围的感染。此外,吞噬细胞在吞噬过程中可向细胞外释放溶酶体酶,因而过度的吞噬可能损伤周围健康组织。

(4)体液的抗微生物作用　正常体液中含有多种非特异性抗微生物质,具有广泛的抑菌、杀菌与增强吞噬作用。例如,补体、溶菌酶、β-溶解素、干扰素等它们直接或间接杀灭或裂解病原体,其作用无选择性。

(5)炎症反应　当病原微生物侵入机体时,被侵害局部往往汇集多量的吞噬细胞和体液杀菌物质,其他组织细胞还释放溶菌酶、白细胞介素等抗感染物质。同时,炎症局部的糖酵解作用增强,产生大量的乳酸等有机酸。这些反应均有利于杀灭病原微生物。

(6)机体组织的不感受性　即某种动物或动物的某种组织对该种病原微生物或其毒素没有反应性。例如,龟于皮下注射大量破伤风毒素而不发病,但几个月后取其血液注入小鼠体内,却使小鼠死于破伤风;鸡的体温降至37℃后,注射炭疽杆菌会引起感染,但正常鸡体温较高,不感染炭疽杆菌。

2. 影响非特异性免疫的因素

(1)遗传因素　同种或不同个体对病原微生物的易感性和免疫力不同。例如,在正常情况下,草食动物对炭疽杆菌十分易感,而家禽却无感受性。

(2)年龄因素　不同年龄的动物对病原微生物易感性和免疫反应性也不同。在自然条件下,有不少传染病仅发生于幼龄动物,如幼小动物易患大肠杆菌病,而布氏杆菌病主要侵害性成熟的动物。老龄动物的器官组织功能与机体的防御能力趋于低下,因此容易得肿瘤或反复感染。

(3)环境因素　气候、温度、湿度等对机体有一定影响。例如,寒冷能使呼吸道黏膜的抵抗力下降;营养极度不良,往往使机体的抵抗力与吞噬细胞的吞噬能力下降。因此,加强管理和改善营养状况,可以提高机体非特异性免疫力。

二、黑豚鼠的传染病

黑豚鼠传染病是养豚鼠业危害最严重的一类疾病,往往会引起大批黑豚鼠发病和死亡,严重影响到养殖场的经济效益。

(一)传染病的基本知识

1. 传染病的概念　凡是由病原微生物引起,具有一定的潜伏期和临床症状,并且能在人与人、动物与动物或人与动物之间相互传播的一类疾病。它和一般疾病不一样，具有以下特征。

(1)特异性　每种传染病都由其特异的病原体引起，病原体可以是微生物或寄生虫，包括病毒、立克次体、细菌、真菌、螺旋体、原虫等。

(2)传染性　这是传染病与其他类别疾病的主要区别，传染病意味着病原体能够通过各种途径传染给其他黑豚鼠。感染了传染病的黑豚鼠有传染性的时期称为传染期。病原体从黑豚鼠排出体外，通过一定方式，到达新的黑豚鼠体内，呈现出一定传染性，其传染强度与病原体种类、数量、毒力等有关。

(3)流行性　按传染病流行病过程的强度和广度分为：

①散发　是指传染病在养殖场散在发生；

②流行　是指某一地区或养殖场，在某一时期内，某种传染病的发病率，超过了历年同期的发病水平；

③大流行　指某种传染病在一个短时期内迅速传播、蔓延，超过了一般的流行强度；

④暴发　指某一局部地区或养殖场，在短期内突然出现众多的同一种疾病的发病者。

(4)免疫力　康复黑豚鼠可对同种传染病获得免疫力。传染病痊愈后，黑豚鼠对同一种传染病病原体产生不感受性，称为免疫。不同的传染病病后免疫状态有所不同，有的传染病患病一次后可终身免疫，有的还可再感染。

2. 黑豚鼠传染病发生的基本条件　传染病是感染过程的一种表现，黑豚鼠传染病的发生必须具备3个条件：

(1)具有一定数量和足够毒力的病原微生物以及适宜的入侵门户　引起传染病的病原微生物叫“病原体”，病原体在感染过程中的作用主要是因为它有致病力。没有病原微生物传染病就不可能发生。病原微生物侵入动物体内的门户一般有消化道、呼吸道、皮肤黏膜、创伤或泌尿生殖道等。病原微生物侵犯机体时不仅需要一定的毒力，也需要足够的数量，同时还必须有适宜的侵入机体的部位。如果毒力强，但数量过少或入侵部位不适宜，一般也不能引起传染病。

(2)具有对该传染病有易感性的黑豚鼠　黑豚鼠机体状态对传染病的发生起着决定性作用。如果机体易感性强（抵抗力弱），病原微生物就会突破机体的各种防御屏障，进而在体内大量生长繁殖，为传染病的发生创造有利条件；相反，机体易感性弱（抵抗力强），病原微生物就难以发挥它的致病作用，传染病就不会发生。机体易感性的强弱与动物年龄、营养水平、生理功能和免疫状态有很大关系。

(3)具有可促使病原微生物侵入易感黑豚鼠机体的外界环境　外界环境不仅影响病原微生物的生命力和毒力，影响黑豚鼠机体的易感性，而且还影响病原微生物接触和入侵动物体内的可能和程度。为了有效地预防和控制传染病的发生和流行，必须改善外界环境。

3. 黑豚鼠传染病流行过程的3个基本环节　黑豚鼠传染病的流行是由传染源、传播途径、易感黑豚鼠群3个环节相互联系而构成的。如果这3个环节中少了任何一个环节传染病就不可能流行。如果黑豚鼠感染了传染病，我们只要采取措施消灭或切断其中任何一个环节，就能控制传染病的流行。因此，了解传染病流行的基本环节与影响因素，就可制订黑豚鼠传染病的防治方法。也就是消灭或控制传染源、切断传播途径、提高黑豚鼠的抗病能力，采取综合性防疫措施就能有效防止黑豚鼠传染病的发生。

(1)传染源　传染源是指体内有病原体生长、繁殖，并能排出病原体的动物机体。包括患病黑豚鼠、病原携带者和其他感染动物。多数传染病在发病期排出病原体数量大，次数多，传染性强。

(2)传播途径　病原体从传染源排出后，经过一定的途径，如空气、水或接触等，再经过消化道、呼吸道、皮肤黏膜、泌尿生殖道等又侵入其他易感黑豚鼠，在外界环境中所经历的道路称为传播途径。

黑豚鼠传染病主要的传播途径有：

①空气传播　病原体借助于飞沫、飞沫核和尘埃3种类型的微粒飘浮在空气中。

经空气传播的传染病有以下流行特征：一是传播迅速；二是有明显的季节性（以冬、春季较高）；三是以幼龄动物发病较多。

影响空气传播的因素有很多，与养殖密度、栏舍条件及易感者在动物群中所占的比例有关。

②经水传播　经水传播包括经饮水和疫水两种传播方式。

经水传播传染病的流行特征：一是有饮用同一水源或接触疫水历史；二是常呈暴发或流行形式；三是有季节性和地区性特点；四是停止饮用或接触疫水可在短时间内控制疾病流行。

③经饲料传播　引起饲料传播有两种情况：一种是饲料本身含有病原体（如绦虫等）；另一种是饲料在不同条件下被污染。

经饲料传播传染病的流行特征：一是病豚鼠都有食用某污染饲料的历史，未食者不发病；二是易形成暴发；三是停止供应污染饲料后，暴发即可平息。

④接触传播　分直接接触和间接接触（又称日常生活接触）传播两种方式。间接接触传播传染病的流行特征：一是一般呈散发，同窝者中续发率较高；二是流行过程缓慢，四季均可发生，无明显季节性高峰；三是注意卫生，严格消毒制度，可减少发病。

⑤虫媒传播　经节肢动物叮咬吸血或机械携带而传播者称虫媒传播。虫媒传播传染病的流行特征：一是有一定的地区性；二是有明显的季节性。

传播途径还有土壤传播、血液传播、医源性传播、垂直传播等。

（3）易感黑豚鼠群　对某种传染病的病原体有易感性的黑豚鼠群称易感黑豚鼠群。其易感性强弱与饲养管理条件，黑豚鼠体质强弱、年龄、品种等都有一定关系，能直接影响到传染病能否发生和流行，以及疫病的严重程度。如果有良好的饲养管理条件，就可增强黑豚鼠的抗病能力，减少传染病的发生机会。

4. 防控传染病的措施　为预防和消灭黑豚鼠传染病应采取的综合防治措施主要包括：查明和消灭传染源；截断病原体的传播途径；提高家畜对传染病的抵抗力。

（1）搞好环境卫生　搞好环境卫生，让黑豚鼠有一个舒适的生活环境，这样能促进黑豚鼠的生长繁殖，大大减少疾病的发生。

（2）消毒　传染病消毒是用物理或化学方法消灭停留在不同的传播媒介物上的病原体，借以切断传播途径，阻止和控制传染的发生。

（3）通风透气　黑豚鼠舍要选址得当，通风向阳，空气清新，它的疾病就会大幅度减少。

（4）好水　供给清洁、充足的饮水。

（5）防寒和降温　做好冬季防寒保暖、夏季防暑降温工作。

（二）黑豚鼠常见的传染病

1. 沙门氏菌病

（1）分布　沙门氏菌对脊椎动物有广泛的感受性，是较常见的人兽共患病的病原，在自然界中分布很广。黑豚鼠感染后可呈现严重的临床症状，黑豚鼠小鼠、大鼠感染后，可长期不表现临床症状，呈隐性感染状态，兔、沙鼠、地鼠很少感染本病。

（2）病原　本病的致病菌是鼠伤寒沙门氏菌、肠炎沙门氏菌。37℃培养 24 小时可长出 1～3 毫米长的光滑菌落，革兰氏染色阴性；无运动性，在葡萄糖、山梨醇、甘露醇中常产酸、产气。

（3）流行病学　健康黑豚鼠可通过消化道感染，污染的饲料、饮水、垫料是本病的传染源，而苍蝇、野鼠、鱼粉等可导致上述物品的污染。菌株的毒力、血清型，菌的数量、感染途径，动物的年龄、品系、机体免疫功能情况，周围环境温度变化、营养改变、实验处置等因素均可影响本菌的致病性和动物的敏感性。

(4)临床症状　感染沙门氏菌的黑豚鼠的临床症状可以表现为急性感染型、亚急性型、隐性感染型3种类型。急性感染型呈急性经过，临床症状非特异性，病鼠常食欲不振、被毛逆乱、体重减轻、眼有分泌物、呼吸困难、流产、排软便等，一般于几天内死亡。亚急性经过的黑豚鼠常表现腹部臌胀、腹泻、结膜炎等。隐性感染型的黑豚鼠可表现食欲下降、体重减轻的轻微症状。

(5)病理解剖　解剖可见急性感染型死亡的黑豚鼠肝、脾、淋巴结与肠淤血肿大并有灶性坏死，肠内多液体和气体。亚急性经过和慢性经过的病例脾脏肿大，肠、肝充血肿大，可有明显的黄色坏死灶，回肠部的肠系膜淋巴结肿大突起。

病理学检查可见急性病例的肠黏膜上皮坏死出血，肠黏膜固有层的组织中充血与嗜中性细胞浸润。亚急性经过和慢性经过的病例可见肝细胞坏死，在坏死灶和肝窦内，有淋巴细胞、浆细胞、单核细胞浸润，并有肉芽肿形成。

(6)诊断　本病可通过临床症状、解剖学特点和病理组织学变化进行初步诊断，再进行细菌培养而确诊。选结肠、直肠或胆囊内容物接种于去氧胆盐琼脂平皿和亚硒酸盐肉汤中37℃有氧培养24～48小时，观察菌落。该细菌不能利用尿素，不产生靛基质。应用多价O和H抗血清，做玻片凝聚试验检查抗体可作为辅助手段。

(7)预防　本病的主要预防措施有：严格饲养管理，严防野鼠污染饲料；加强饲养中各个环节的消毒灭菌，注意饲养人员的带菌状况检查；以及利用剖宫产手术建立无本病的鼠群。

(8)治疗　①卡那霉素5万单位/千克体重，肌内注射，2次/日。②庆大霉素1万单位/千克体重，肌内注射，2次/日。③对不食、脱水、酸中毒的患病黑豚鼠可用25%葡萄糖注射液10毫升、

5%碳酸氢钠注射液5毫升，复方生理盐水40毫升，进行腹腔注射。④肠道出血的黑豚鼠，可用维生素K_3 2～4毫克/千克体重，肌内注射。

2. 黑豚鼠肺炎

(1)病原　黑豚鼠的肺炎可由多种病原菌引起，如肺炎链球菌、支气管败血性波氏菌、肺炎克雷伯氏菌等，其中以支气管败血性波氏菌危害最大。

肺炎链球菌为革兰氏阳性球菌，无鞭毛，不形成芽孢。一般情况下人的上呼吸道常常带有本菌，是潜在的感染源。黑豚鼠感染后病菌可存在于上呼吸道，当有运输等应激因素而导致机体抵抗力下降时引起发病。本菌通过直接接触和飞沫传播。

支气管败血性波氏菌为革兰氏染色阴性，短杆菌，无芽孢，有运动性。通过直接接触或接触污染物品与呼吸飞沫而被传染。黑豚鼠饲料中维生素C的缺乏与机体抵抗力下降可引起本菌大量繁殖而导致动物发病。

肺炎克雷伯氏菌为革兰氏染色阴性杆菌，常成对或短链存在。广泛分布于自然界如土壤、水和农产品与林产品中，在人和动物的肠道与呼吸道内也常见，是典型的条件致病菌，常于动物抵抗力下降时引起暴发性流行。

黑豚鼠肺炎一般并发链球菌病，黑豚鼠肺炎链球菌病，是由肺炎链球菌引起的以侵害黑豚鼠呼吸器官与腹腔为特征的一种黑豚鼠传染病。

(2)临床症状　黑豚鼠食欲废绝，可视黏膜苍白，咳嗽，呼吸有啰音，流鼻液，被毛粗乱，消瘦。

(3)病理剖检　解剖可见肺弥漫性出血、水肿、实变，胸膜增厚，附有纤维素性渗出物，腹水增多浑浊，肝肿大、脂肪变性，脾肿大。

①镜检肺肝脾等病变组织　触片染色、镜检，见革兰氏阳性、

有荚膜、成对(少数单个)排列的球菌。

②分离培养　取肺肝脾腹水等病料接种血琼脂平板与血清清汤,于37℃培养24小时。血琼脂平板上长有圆形、透明、湿润、扁平的小菌落,有a溶血环,血清肉汤呈均匀浑浊;培养物镜检,所见细菌形态与上述镜检的相符。

③生化试验　糖发酵试验产酸不产气。胆汁溶菌试验阳性。乙基氢化胫基奎宁敏感试验,抑菌圈平均直径为16.7毫米,即该菌可被乙基氢化胫基奎宁抑制。

(4)治疗　对发病黑豚鼠,要马上隔离,能治疗就治疗,不能治疗就淘汰。使用人用的头孢类口服抗生素拌料饲喂或灌服,用量要根据体重来计算,一般1只体重600克的黑豚鼠每次1毫升,每日3次,配合相应的化痰、平喘药治疗,如祛痰止咳冲剂(每次1克,每日2次),一般10天左右即可治愈。对同池黑豚鼠要进行上述药物治疗几天,并进行养殖池消毒工作。

3. 巴氏杆菌病(出血性败血病)肺炎型

(1)病原　多杀性巴氏杆菌,为革兰氏染色阴性、两端钝圆、呈卵圆形的短小杆菌。组织病料涂片,经姬姆萨氏或瑞氏染色,菌体两极着色较深。

(2)流行病学　30%～75%的黑豚鼠上呼吸道黏膜和扁桃体带有巴氏杆菌,但无症状。当各种因素(气温突变、饲养管理不良,长途运输等)使黑豚鼠抵抗力降低时,体内的巴氏杆菌大量繁殖,其毒力增强,从而引起发病。本病一年四季均可发生,但春、秋两季较为多见,呈散发或地方性流行,主要经消化道或呼吸道感染。

(3)临床症状　症状和病变因病菌的毒力、感染途径与病程不同而异,常分为以下几型。

①败血型　多呈急性经过,常在1～3天死亡。精神沉郁,不食,体温40℃以上,呼吸急促,流浆液性或脓性鼻液,有时发生腹泻。死前体温下降,全身颤抖,四肢抽搐。有的无明显症状而突然

死亡。剖检可见:鼻黏膜充血并附有黏稠分泌物;喉与气管黏膜充血、出血,其管腔中有红色泡沫;肺严重充血、出血、水肿;心内、外膜有出血斑点;肝肿大,淤血,变性,并常有许多坏死小点;肠黏膜充血、出血;胸、腹腔有较多淡黄色液体。

亚急性常由鼻炎型与肺炎型转化而来,病程为 1～2 周,终因衰竭而死亡。主要症状为流黏脓性鼻液,常打喷嚏,呼吸困难。体温稍高,食欲减退。有时见腹泻,关节肿胀,眼结膜发炎。剖检可见:肺为纤维素性胸膜肺炎变化,甚至有脓肿形成;胸腔积液;鼻腔与气管黏膜充血、出血,并附有黏稠的分泌物;淋巴结色红、肿大。

②鼻炎型　比较多见,病程可达数月或更长。

主要症状为流出浆液性、黏液性或黏脓性鼻液。病黑豚鼠常打喷嚏和咳嗽,用前爪抓擦鼻部,使鼻孔周围的被毛潮湿、黏结甚至脱落,上唇和鼻孔周围皮肤发炎、红肿。黏脓性鼻液在鼻孔周围结痂和堵塞鼻孔,使呼吸困难并发出鼾声。如病菌侵入眼、耳、皮下等部,可引起结膜炎、角膜炎、中耳炎、皮下脓肿和乳腺炎等。剖检可见:鼻黏膜潮红、肿胀或增厚,有时发生糜烂,黏膜表面附有浆液性、黏液性或脓性分泌物。鼻窦和副鼻窦黏膜也充血、红肿,窦内有分泌物积聚。

③肺炎型　常呈急性经过。虽有肺炎病变发生,但临床上难以发现肺炎症状,有的很快死亡,有的仅食欲不振、体温较高、精神沉郁。肺病变的性质为纤维素性化脓性胸膜肺炎。眼观,病变多位于尖叶、心叶和膈叶前下部,包括实变、膨胀不全、脓肿和灰白色小结节病灶。肺胸膜与心包膜常有纤维素附着。

④中耳炎型　也称斜颈病。单纯的中耳炎常无明显症状,但如病变蔓延至内耳与脑部,则病黑豚鼠出现斜颈症状,严重时黑豚鼠向头颈倾斜的一侧滚转,直到抵住围栏为止。如脑膜和脑实质受害,则可出现运动失调和其他神经症状。剖检可见化脓性鼓室内膜炎和鼓膜炎。一侧或两侧鼓室内有白色奶油状渗出物;鼓膜

破裂时这种渗出物流出外耳道。如炎症由中耳、内耳蔓延至脑部，则可见化脓性脑膜脑炎变化。

⑤其他病型　黑豚鼠巴氏杆菌病也可表现为化脓性结膜炎、子宫内膜炎(母黑豚鼠)、附睾与睾丸炎(公黑豚鼠)以及各处皮下与脏器的化脓性炎症。眼结膜和子宫黏膜呈化脓性卡他变化，其表面有脓性分泌物，子宫腔蓄脓。其他组织器官主要是脓肿形成。

(4)诊断　本病因表现多种病型，故应和下列疾病鉴别。

①支气管败血波氏杆菌病　虽有卡他性鼻炎或肺脓肿，但无中耳炎，病原为多形态的支气管败血波氏杆菌。

②葡萄球菌病　主要病变为脓肿和脚皮炎。脓肿多发生于皮下和肌肉，肺和其他内脏少见。无化脓性鼻炎、中耳炎等病变。

(5)防　治

①黑豚鼠群应自繁自养，禁止随便引进种黑豚鼠；必须引进时，应先检疫并观察1个月，健康者方可进场；

②加强饲养管理与卫生防疫工作，严禁畜、禽和野生动物进场；

③有本病的黑豚鼠场可用黑豚鼠巴氏杆菌苗或禽巴氏杆菌苗做预防注射；

④一旦发现本病，立即采取隔离、治疗、淘汰和消毒措施；

⑤治疗可用以下药物：链霉素每千克黑豚鼠体重5万～10万单位、青霉素2万～5万单位，混合一次肌内注射，一日2次，连用3天；庆大霉素每千克体重黑豚鼠4万单位，每次肌内注射，每日2次，连用3天；磺胺二甲基嘧啶内服量每千克体重0.1克，每日1次，肌内注射量每千克体重0.07克，每日2次，连用4天。

4. 黑豚鼠葡萄球菌病　黑豚鼠葡萄球菌病主要是由金黄色葡萄球菌引起的一种急性或慢性传染病，在临床上常表现多种类型，如关节炎、腱鞘炎、脚垫肿、脐炎和葡萄球菌性败血症等。

(1)病原　典型的葡萄球菌为圆形或卵圆形，常单个、成对或葡萄状排列，革兰氏染色阳性，无鞭毛，无荚膜，不产生芽孢，在普通培养基上生长良好。葡萄球菌在自然界中分布很广，健康黑豚鼠的皮肤、羽毛、眼睑、黏膜、肠道等都有葡萄球菌存在，同时该菌还是黑豚鼠饲养、加工环境中的常在微生物。

(2)流行特点　各种年龄的黑豚鼠均可发生，发病死亡率2%～50%不等，不同养殖场其发病率有差异。

本病的发生多与创伤有关，凡能造成皮肤黏膜损伤的因素都可成为本病发生的诱因。通过呼吸道感染亦属可能。本病一年四季均可发生，以雨季、潮湿时节发生较多，饲养管理不善等能促进本病的发生。

(3)临床症状　该病具有多种疾病类型。

葡萄球菌败血症，病黑豚鼠死前没有特征性临床症状，一般可见精神沉郁、食欲废绝，低头缩颈呆立，病后1～2天死亡。身体外表皮肤多见湿润、水肿，相应部位羽毛潮湿易掉，颜色呈青紫色或深紫红色，皮下多蓄积渗出液，触之有波动感。有时可见局部皮肤形成大小不等出血、糜烂和炎性坏死，局部干燥呈红色或暗紫红色，无毛。切开水肿皮肤可见皮下有数量不等的紫红色液体，胸、腹肌出血、溶血形同红布。有的皮肤无明显变化，但胸、腹或大腿内侧等皮下具有灰黄色胶冻样水肿液。肝变脆，有出血点与白色坏死点。该类型最严重，造成的损失最大。

初生黑豚鼠感染葡萄球菌可发生脐炎，常在1～2天内死亡。病理变化可见腹部增大，脐孔周围皮肤水肿，发红，皮下有较多红黄色渗出液，多呈胶冻样。

成年黑豚鼠和肉用黑豚鼠的育成阶段多发生葡萄球菌型关节炎，多见于跗关节，病黑豚鼠跛行，不能站立，喜卧，关节部肿胀，局部有热痛感。剖检可见关节肿胀处皮下水肿，关节液增多。

临床上还可见其他类型的疾病，如水肿性皮炎、胸囊肿、脚垫肿、脊椎炎和化脓性骨髓炎等也时有发生。

(4)诊断　根据发病特点、临床症状、病理变化并结合细菌学检查进行本病的诊断。

(5)防治　采取药物治疗是防治本病的主要措施，庆大霉素、卡那霉素、诺氟沙星、硫酸新霉素等均有一定的治疗效果。发病时，选用诺氟沙星按0.04%拌料，进行全群投药，连喂5～7天，同时还可配合肌内注射庆大霉素或卡那霉素，以减少发病黑豚鼠死亡。

加强饲养管理，注意豚舍通风，保持清洁，避免拥挤，光照适当，饲料中要有适当的维生素和矿物质，笼具要经常检修以防造成外伤。

用0.1%～0.3%过氧乙酸定期对黑豚鼠环境进行消毒，对防治本病有较好效果。

5. 黑豚鼠泰泽氏病

(1)病原　泰泽氏病是一种以严重腹泻、脱水和迅速死亡为特征的疾病。病原为毛样芽孢杆菌。本病发生于很多国家和地区，死亡率高达95%，是养兔业、黑豚鼠的一大威胁。

毛样芽孢杆菌是一种细长的革兰氏阴性细菌，在肝细胞、平滑肌和心肌以及上皮细胞质中呈束状，用高碘酸-Schiff氏染色和Warthin-Stany二氏染色以及姬姆萨氏、银染色等分离本菌十分困难，大多数研究者认为该病原在人工培养基和活培养基上都不能生长。有报道这种细菌能在小白鼠胚胎细胞上生长，但在第二次继代后即失去对小白鼠的致病能力。近年来用鸡胚卵黄囊内培养分离本菌获得成功；并且有人在鸡胚卵黄囊继代32次后，在断奶仔兔复制了泰泽氏病，并从病兔肝脏中重新分离到本菌。据认为最初用鸡胚卵黄囊接种分离毛样芽孢杆菌之所以不能成功，是因为有肠道细菌大量生长之故。如在人工感染的病兔的饮水中加入磺胺喹噁啉，再用鸡胚培养分离毛样芽孢杆菌的成功率就高。肠道细菌容易进入肝脏，这给本菌的分离带来困难，因毛样芽孢杆菌只能在细胞质内进行繁殖。此外，本菌能产生芽孢，能运动，并具有多形性。芽孢菌的抵抗力较强，能在土壤底层中保持传染性达1年之久。

除家兔外，小白鼠、大白鼠、地鼠、黑豚鼠、麝香鼠、猫和恒河猴等多种动物都已发现有泰泽氏病流行。由于病原体难于分离培养，所以在很多情况下，泰泽氏病被误认为是黏液性肠炎或其他类似疾病。本病发病率和死亡率都很高，以6～12周龄发病最多。毛样芽孢杆菌从病黑豚鼠的粪便中排出，污染周围环境，健康黑豚鼠吃到以后即可感染。它侵入小肠、盲肠和结肠的黏膜上皮，开始时增殖缓慢，组织损害甚少，无临床症状，但如此时受到过热、过挤和操作等应激因素作用，病菌就可迅速繁殖，引起肠黏膜和深层组织坏死。病菌经门脉循环进入肝脏和其他器官，造成严重损害。应用磺胺类药物治疗其他疾病时，因干扰了胃肠道内微生物的生态平衡，也易导致本病的发生。

(2)防治　加强饲养管理，改善环境条件，定期进行消毒，消除各种应激因素。隔离或淘汰病黑豚鼠。对黑豚鼠舍全面消毒，排泄物发酵处理或烧毁，防止病原菌扩散。对已知有本病感染的兔群，在有应激因素作用的时间内使用抗生素，可预防本病发生。

黑豚鼠和兔发病初期用抗生素治疗有一定效果。用0.006%～0.01%土霉素饮水，疗效良好。青霉素，每千克体重2万～4万单位肌内注射，每日2次，连用3～5天。链霉素，每千克体重20毫克肌内注射，连用3～5天。青霉素和链霉素联合使用，效果更明显。红霉素，每千克体重10毫克，分2次内服，连用3～5天。此外，用金霉素、四环素等治疗也有一定效果。治疗无效时应及时淘汰。

6. 体内寄生虫

(1)黑豚鼠艾美耳球虫　该球虫是寄生于黑豚鼠的唯一的艾美耳球虫，易在幼鼠中流行。感染黑豚鼠出现腹泻，甚至死亡。剖检可见肠炎，肠出血，盲肠黏膜增厚，有斑状出血点和含有虫体的白斑。维生素 C 缺乏，长途运输等因素可诱发本病。

治疗方法：作为预防，地克珠利为广谱抗球虫药，以每 1 000 千克饲料混 10%地克珠利预混剂 100 克；氯苯胍，每 1 000 千克饲料拌药 15 克。以上两种药物轮换，地克珠利使用 7～8 个月后，换氯苯胍用 4～5 个月。上述药物也可用于治疗，一般用预防剂量的 2～3 倍。在治疗黑豚鼠球虫病时，可用 10%地克珠利预混剂，每 1 000 千克饲料加 400～500 克拌匀，撤出其他饲料和饲草，连续用药 2～3 天，待发病得到控制后改为正常预防量。

值得注意的是，如果养黑豚鼠既喂料又喂草，在用药预防黑豚鼠球虫病时，应在饲料中增加用药量，否则会出现用了抗球虫药仍有黑豚鼠发生球虫病。在众多抗球虫药中，含有马杜霉素的各种剂型的药，不能用于黑豚鼠，否则会发生中毒死亡。

(2)有钩副盾皮线虫　本病是黑豚鼠常见的蠕虫病。虫体寄生于盲肠和结肠。卵呈卵圆形，壳厚，有蛋白膜。黑豚鼠通过吞噬感染性虫卵而感染。虫卵经 60 天左右发育为成虫。其生活史为直接型，无复杂的体内移行过程。

感染的黑豚鼠消瘦，而无特异性症状。查找并鉴定虫体、虫卵可确诊本病。

黑豚鼠体内寄生虫的预防应做好饲料和垫料的消毒工作，防止饲养用具、饲料、垫料的污染。

7. 体外寄生虫　疥螨和黑豚鼠食毛蚤是黑豚鼠主要的体外寄生虫，可引起黑豚鼠脱毛、角皮增生、消瘦、虚弱，发生皮炎、贫血。蚤及其卵附于黑豚鼠毛上，肉眼可见。疥螨主要寄生于黑豚鼠的颈、肩和下腹部皮肤，引起瘙痒，进而继发感染。

体外寄生虫的检查可直接用低倍显微镜观察被毛和皮肤，也可检查皮肤刮屑。另外，利用寄生虫的趋热性，在动物死后，尸体变凉，寄生虫从被毛中爬出，直接观察虫体从而确诊。

治疗方法：采用动物内外杀虫王拌料饲喂即可解决。

三、黑豚鼠其他疾病

(一)坏血病

本病又称维生素C缺乏症，由于黑豚鼠不能合成维生素C，当饲料中完全缺乏维生素C时，在10～20天内会出现坏血病症状。此时黑豚鼠抵抗力下降，易发生二次细菌感染。

发病早期可见黑豚鼠被毛逆乱、懒动、食欲减退、脱水，进而腹泻、齿龈出血、伤口愈合慢、关节肿大而跛行。一般6周龄黑豚鼠症状较典型。

解剖可见骨膜下、皮下结缔组织、肌肉与肠道有出血，长骨近端骺软骨剥离。

根据临床症状、病理解剖可做出初步诊断。然后进行饲料分析即可确诊。

治疗和预防方法：在饲料中连续添加D-抗坏血酸，每100千克饲料添加20克。

(二)臌胀病

多数因采食发霉变质的饲料或饮用污染水，采食露水未干的青菜类与水分含量过多的青菜，导致消化不良，多表现为腹部臌胀、精神不振、减少或停止采食、口唇苍白、粪便多而稀或水样、青绿、腥臭。

防治方法：发现病体，立即隔离，喂给土霉素等药物，也可用草药穿心莲煮水喂，连喂2～3天，每日1～2次，还可用雷公根洗净，晾干生喂。

(三)消瘦病

因日粮长期单一,缺乏维生素、营养不良或干喂,不加饮水,致使消化受阻停食,或出现胃肠疾病不能及时发现治疗,逐日消瘦。

防治方法:可采用鱼肝油或鸡蛋黄补给,熟黄豆拌入饲料喂,经10天后再恢复日常饲料。同时,添加禽用多种维生素,如体温升高,可用2万~3万单位青霉素肌内注射,每日2次,连续3~5天。

(四)异食癖

黑豚鼠异食癖是由于矿物质、维生素与微量元素等的供给不足,导致机体新陈代谢障碍与消化功能紊乱,因而出现的异嗜现象。异食癖多出现在饲养管理不科学或饲料单一的舍饲圈养环境中,严重影响着黑豚鼠的生产性能和健康水平。

1. 诱发原因

(1)管理因素　管理不善,饲养缺乏科学性。如夏季长期饮水缺乏、长期喂给大量精饲料、或酸性饲料饲喂过多等,都可引起体内碱的消耗过多,而使机体严重缺乏钠盐等物质,导致异食癖发生;再者,饲养密度过大,湿度高,食盆空间狭小,限饲与饮水不足,同舍只大小强弱悬殊等;如果环境条件差,如舍内温度过高或过低,通风不良且氨气含量高,栏舍光照过强,生活环境单调,惊吓、窜群,天气异常变化等,同样可导致异食癖;另外,黑豚鼠所处的环境过于嘈杂,黑豚鼠时刻处于应激状态,也是导致异食癖的重要原因。

(2)营养因素

①饲料品种单一,不能做到全价营养供应　由于饲料品种有限,缺乏统一管理,对黑豚鼠营养需要缺少基本的了解,技术推广机制不完善等原因,导致黑豚鼠无法得到全面的营养。特别是农村散养舍,进入冬季舍饲饲养后,不是按黑豚鼠各阶段生长发育所

需营养标准的要求配制饲料，而是有啥喂啥。粗饲料只喂一些农作物秸秆，精饲料也只喂一些玉米面，饲料品种单一，营养不均衡，造成饲料中某些蛋白质和氨基酸缺乏而导致本病发生。

②矿物质元素缺乏或各种矿物质之间比例失调　在饲料配制过程中，忽视矿物质元素在黑豚鼠配合饲料中的重要作用，造成黑豚鼠长期缺乏矿物质元素，如钠、铜、钴、锰、铁、碘、钙、磷等。如钠盐的不足，常见有异食癖的黑豚鼠舔食带碱性的物质；铁、铜等微量元素缺乏引起的营养缺乏性贫血，常见于水泥地面圈舍饲养的哺乳期黑豚鼠，其中仔黑豚鼠最易发，多表现为啃食泥土。另外，虽然矿物质元素供应可以满足，但有些矿物质元素之间的比例不当，如钙、磷比例失调等，同样可导致异食癖的发生。

③饲料中某些维生素严重不足　维生素不能提供能量，在机体中需要量也很少，但机体不能合成，在机体代谢中起着重要作用，如三大营养物质代谢调控、酶辅助因子、构成机体重要成分等功能。特别是B族维生素的缺乏，可导致机体代谢功能紊乱，而诱发异食癖；维生素D的缺乏可直接影响钙、磷吸收而导致佝偻病、骨软症的发生，从而诱发异食癖；维生素A的不足也会对机体产生不良影响。

(3)疾病因素　患有佝偻病、骨软症、纤维性骨营养不良、慢性消化不良、某些寄生虫病（如球虫病、囊虫病、蛔虫病）等可成为异食癖的诱发因素。虽然这些疾病本身不可能引起异食癖，但可产生应激反应。

2. 防治措施

(1)加强管理

①合理安排畜舍　同一栏黑豚鼠个体差异不宜过大，应尽量接近；饲养密度不宜过大。饲养密度一般根据豚舍大小而定，原则是以不拥挤、不影响生长和能正常采食和饮水为宜，冬季密一些，夏季稀一些。

②单独饲养有恶癖的个体　咬尾症的发生常因个别好斗的个体引起。如在栏中发现有咬尾恶癖的个体应及时挑出单独饲养。可在个体尾上涂焦油或用 50°以上白酒喷雾个体全身和鼻端部位，每日 3～5 次，一般 2 天可控制咬尾症。同时，隔离被咬的个体，对被咬的个体应及时用 0.5%～1%高锰酸钾液清洗伤口，并涂上碘酊以防止伤口感染，严重的可用抗生素治疗。

③避免应激　调控好豚舍内的温度，加强舍内通风，避免贼风侵袭、粪便污染、空气污浊等因素造成的应激。定时、定量饲喂优质饲料，饮水要清洁，饲槽与水槽设施充足，注意卫生，避免抢食争斗与饮水不均。

④避免寄生虫病发生　对寄生虫病进行流行病学调查，从出生到老龄淘汰，定期驱虫，一般要求每年春、秋各驱虫 1 次，以防寄生虫病诱发异食癖。

(2)治疗措施　本病的治疗原则：主要是针对发病原因采取对症治疗，即缺什么，补什么。继发性的疾病应从治疗原发病入手，最终根除异食癖。

①钙缺乏的补充钙盐：如补充磷酸氢钙等，并注射一些促钙吸收的药物，如 1%维生素 D_5。

②补充微量元素。

③补喂维生素：B 族维生素、维生素 D、维生素 A 缺乏时，调整日粮组成，供给富含 B 族维生素、维生素 D、维生素 A 的饲草饲料，如夏季增喂青绿饲料，冬季提供优质干草和矿物性饲料，增加舍外运动及阳光照射时间。

动物异食癖会使动物的生产性能降低，它是由管理和营养等多种作用造成的，分析原因时应综合分析。根据分析的原因，采取相应的防治措施，可使异食癖得到缓解或根除，这在实际生产上有重要意义。

(五)霉菌毒素中毒

1. 霉菌毒素的产生　饲料原料受霉菌感染较多的是农作物或动物性蛋白。

农作物的饲料主要包括玉米、小麦、大麦、稻谷、高粱、糠麸类和糟渣类等，以及豆粕、棉籽粕、花生粕、葵花粕等。

一般而言，霉菌毒素主要是由4种霉菌属所产生：曲霉菌属(主要分泌黄曲霉毒素、赭曲霉毒素等)、青霉菌属(主要分泌桔霉素等)、麦角菌属(主要分泌麦角毒素)和梭菌属(主要分泌呕吐毒素、玉米赤霉烯酮、Fumonisin毒素等)。迄今为止，已经有超过300种霉菌毒素被分离和鉴定出来，上述几种毒素即为现今普遍认识的8种主要毒素。

一般把霉菌按其生活习性分为仓贮性霉菌和田间霉菌两种。仓贮性霉菌主要是指贮存的饲料或原料，在适宜的温度、湿度等条件下产生的霉菌，以曲霉菌属为主，该类霉菌最适生长温度为25℃～30℃，相对湿度为80％～90％；田间霉菌则是指青霉菌属、麦角菌属和梭霉菌属(镰刀菌属)，此类霉菌属野外菌株，通常谷物在未采收前就已感染，最适生长温度为5℃～25℃，该类霉菌在低温环境中也会繁殖，也就是说在冬季此类霉菌仍会生长，阴冷潮湿的天气更易于这些霉菌生长。在田间，植物受霉菌感染的因素很多，包括土壤水分、播种期、收割期、轮作期、施肥，植物的品种、植物病的发生，杂草、鸟类与害虫等。当作物收割后，通常会带有某些霉菌，在干燥的过程中，霉菌会受到破坏，所以不易察觉，然而许多霉菌孢子会存活下来，并且在贮存期间、制作饲料的过程中开始萌发生长。

玉米是养殖业主要大宗饲料，我国玉米主要产地在北方地区，如山东、河南、山西、内蒙古和东三省等。不同地区，同一季节收获的玉米所带菌属有较大差别，同一地区、不同季节、不同年份的玉米所带菌属也不一样。玉米受霉菌感染的程度也与玉米的成熟度、玉米粒的完整度等有较大关系,成熟度差与破损粒较多的玉米易受霉菌的侵染。有人对筛出的玉米破碎粒和整粒谷物中串珠镰孢菌 B_1 毒素的含量研究表明,玉米碎粒及其他谷物废料中的霉菌毒素是整粒谷物的30～50倍。这主要是因为整粒谷物有起保护作用的外层果皮。所以,饲料厂和养殖场对玉米的选择要建立严格的检测指标(主要有水分、容重、霉变、胚变、破碎度、杂质和虫蛀等指标)。玉米副产物主要有DDGS、DDG、玉米蛋白粉、玉米蛋白饲料、玉米胚芽粕等。这些副产物在美国和欧洲能够被很好地利用,且使用价值很高。但在国内,由于我们的玉米在收获和贮存过程中感染较多的霉菌,这些被感染的玉米大多被用来生产玉米副产物,且由于霉菌产生的霉菌毒素化学性质较稳定,不受玉米加工过程的影响,这些霉菌毒素大多存留在玉米副产物中,甚至被浓缩,含量是普通玉米的3倍以上。因此,我们对玉米副产物在饲料中的使用量需要重新考虑。小麦及其副产物也是饲料的主要原材料,新收小麦主要以田间霉菌为主,最突出的菌属是交链孢霉、镰刀菌之类。霉菌多存在麦粒的表层和胚部,胚乳部很少,因此麸皮及次粉的带菌量比麦粒高很多,陈化麸皮中的霉菌量比新鲜麸皮要高出十几倍。

豆粕、棉籽粕、花生粕、葵花粕等植物性蛋白原料也易受到霉菌的感染。广东、广西、四川的花生仁、壳上几乎60%以上感染黄曲霉,其次是黑曲霉等,而山东的花生仁、壳上主要以灰绿曲霉、青霉菌为主要菌属,因此在使用花生麸时应严格检测黄曲霉毒素的含量等。南方地区的大豆仍然以黄曲霉菌为主,东北地区的大豆主要以镰刀菌为主。

动物性蛋白主要包括鱼粉、肉骨粉、羽毛粉、血粉等,这些原料除带有沙门氏杆菌外,也极易受霉菌的感染,曲霉属、青霉属及镰刀菌属均可感染。不同产地,不同加工方式其所感染菌属和带菌量有较大差别。

2. 霉菌毒素中毒的机制　霉菌毒素中毒的发生主要是黑豚鼠食入了被污染的谷物，日粮中营养成分不足，缺乏蛋白质、硒和维生素也是引起霉菌毒素中毒的因素之一。由于大多数常见霉菌毒素的中间产物或终产物的毒性与霉菌毒素的毒性不同，因此减少或增加外源性的化合物、代谢的药物可影响机体对毒素的反应，这类药物对黄曲霉毒素和赭曲霉毒素的作用比较大，而对单端孢霉毒素相对比较小，通常饲料中霉菌毒素不是单一存在而是几种同时存在，当不同毒素同时存在时，霉菌毒素的毒性有累加效应。

3. 霉菌毒素对黑豚鼠的危害　临床表现往往成批发病，病黑豚鼠食欲减退或废绝；有的走路蹒跚，浑身颤抖，往前冲撞至倒地。

霉菌毒素对黑豚鼠免疫器官的嗜性使免疫器官受损而萎缩，导致抗病力下降。霉菌毒素对消化道的破坏最为明显：各种毒素的强腐蚀性引起的口腔溃疡、胃溃疡、肠道脆性增大，肠黏膜脱落、坏死，强腐蚀性引起整个消化系统发生炎症，影响机体对营养物质的消化和吸收，使饲料报酬不合理。

黄曲霉毒素中毒可导致肝脏多灶性肝细胞坏死，肝细胞增生以及发病前期由于充血而呈暗红色，后期由于脂肪聚集呈黄色，但不管发病前期与后期都为象皮肝的感觉。胆囊黏膜由于胆小管的增生和坏死而发炎，出现胆囊脆性增大的现象。

霉菌毒素对肾脏的损坏表现为使肾小管发生变性而阻塞，产生尿酸盐沉积，从而导致痛风症的发生。

霉菌毒素对血管壁的损伤使血压上升，增加了心脏的负担，使腹水症多发。

（六）有机磷农药中毒

1. 药物性能　有机磷农药是磷和其他物质合成的一类化合物的总称，因其化学结构中包含有碳—磷键，或碳—氧—磷键、碳—硫—磷键、碳—氮—磷键等，所以叫做有机磷化合物。这类农药品种较多，杀虫效果高，残毒期短，作为农、林、牧业广泛应用的杀虫剂，其中一些品种还用于治疗家畜疾病。这类杀虫剂对人、畜有一定毒性，有的毒性很强。有机磷农药大部分为油状液体（或乳油），少部分为粉状固体，多数不溶于水，易溶于有机溶剂与油类，有一定的挥发性，对光、热、空气比较稳定，遇碱可迅速分解破坏，大部分有机磷农药带有类似蒜臭味或狐臭味。当前，我国生产和使用的有机磷农药有数十种之多，常用的有马拉硫磷（4049）、敌百虫、敌敌畏和乐果等。

2. 致病原因 多数有机磷农药可以毒杀动、植物体表、体内的多种寄生性虫体，同时对人、畜和其他温血动物也有不同程度的毒性，如使用不当，往往造成人、畜中毒。中毒后，轻则危害人、畜健康，重则可造成死亡。有机磷农药可经消化道、呼吸道、皮肤、黏膜进入动物体内。马、牛、羊、猪、黑豚鼠误食有机磷农药污染的饲料、饮水均可引起中毒。

引起动物中毒的途径和方式大致有：

第一，采食、误食或偷食喷洒过有机磷农药不久又未经雨水冲洗的青草、蔬菜、瓜果与农作物等而引起黑豚鼠中毒；

第二，因药剂撒布而飞溅的药液被黑豚鼠吸入而引起中毒；

第三，对有机磷农药及其容器管理不当，盛装饲料、饮水被黑豚鼠误食而引起中毒；

第四，滥用或过量应用有机磷农药，治疗人、畜禽的皮肤病和体内、外寄生虫病，也可引起中毒；

第五，误把有机磷农药混入饲料中而造成黑豚鼠中毒。

3. 毒理 黑豚鼠摄入有机磷农药主要是通过消化道、呼吸道、皮肤黏膜等而进入体内。由于有机磷具有高度的脂溶性，经皮肤吸收时，对局部无刺激性；经消化道与呼吸道进入机体后随血液与淋巴很快分布至全身各部位，其中肝含量最多，肾、肺、骨次之，肌肉与脑组织含量最少。

各种有机磷农药在黑豚鼠体内的代谢过程不尽相同，如马拉硫磷先转化为马拉氧磷，毒性由此增强；敌百虫在体内先分解为三氯乙醇，后与葡萄糖醛酸结合而排泄。机体各组织对有机磷农药的解毒能力不同，如血液、肾上腺和脾的解毒能力很强，而脑组织和肌肉则较弱。有机磷农药主要经肾脏排泄，少量可经肠道排出。

由于有机磷药物能抑制胆碱脂酶的活性，而使乙酰胆碱分解减少，造成神经接头处与神经肌肉接头处乙酰胆碱蓄积，并与相应的受体结合，出现与胆碱能神经过度兴奋相似的神经生理功能紊乱与全身性反应。

4. 临床症状　黑豚鼠有机磷农药中毒时，由于制剂的化学特性、食入量以及造成中毒的具体情况不同，表现的症状及程度差异较大，最主要的症状是由于乙酰胆碱过量蓄积，刺激胆碱能神经纤维（包括交感、副交感神经的节前纤维，全部副交感神经的节后纤维，少部分如支配汗腺分泌等的交感神经纤维和运动神经），引起相应的组织器官生理功能的改变，临床上归纳为如下 3 类症候群。

（1）毒蕈碱样症状　由于有机磷农药进入机体并导致乙酰胆碱蓄积达到中毒程度时，引起胆碱能神经节后纤维兴奋的症状，与应用毒蕈碱的作用相似，故常用“毒蕈碱样作用”来形容乙酰胆碱对胆碱能神经支配下的胃肠道、支气管、胆道、泌尿道收缩，消化腺、支气管腺和汗腺等分泌增加。具体表现为食欲废绝、流涎、呕吐、口吐白沫、腹泻、腹痛、多汗、粪尿失禁。有时粪便带血、带黏膜，呼吸道分泌增强，呼吸困难，严重者发生肺水肿。由于缺氧而黏膜发绀，虹膜括约肌和睫状肌收缩导致瞳孔缩小，心血管受抑制促使心跳迟缓。

（2）烟碱样症状　在引起支配骨骼肌的运动神经末梢和交感神经的节前纤维（包括支配肾上腺髓质的）等胆碱能神经兴奋时，乙酰胆碱的作用又和烟碱相似（即小剂量具有兴奋作用，大剂量则发生抑制作用），表现为骨骼肌兴奋，发生肌肉纤维性震颤，血压上升，以至肌束跳动，脉搏加快，严重者全身肌肉抽搐、痉挛、肌肉麻痹。若呼吸肌麻痹则导致窒息死亡。

(3)中枢神经系统症状　有机磷农药通过血脑屏障后，抑制脑内胆碱脂酶，致使脑内乙酰胆碱含量增高。主要表现为兴奋不安或精神沉郁，体温升高，无力，嗜睡甚至昏迷，有时突然跌倒在地，有的全身震颤。

5. 病理变化　经消化道急性中毒者，胃肠内容物有大蒜味；胃肠黏膜大片充血、肿胀或出血，并多半呈暗红色或暗紫色，黏膜层易剥脱；肺充血、肿胀，气管、支气管内充满白色泡沫样黏液；心内膜有白斑；肝、脾肿胀；肾浑浊、肿胀、被膜不易剥脱，切面为淡红褐色，层次不清晰。

亚急性中毒者，胃肠黏膜发生坏死性炎症，肠系膜淋巴结肿胀、出血；胆囊肿胀和出血；肝发生坏死；黏膜、黏膜下和浆膜有广泛性出血斑，肺淋巴结肿胀、出血。

6. 诊断　诊断黑豚鼠有机磷农药中毒，应根据病史、症状、实验室检验以及诊断性治疗（包括特效解毒剂的应用）等方面的资料进行综合判断。

7. 治疗　首先应立即停止喂饮怀疑被有机磷农药污染的饲料和饮水，立即离开有毒环境，将黑豚鼠转移到通风良好的安全圈舍或空气新鲜的地方。经口中毒者，应立即用 10 克/升肥皂水或 40 克/升碳酸氢钠、1.0～1.5 克/升高锰酸钾溶液、10 毫升/升过氧化氢液洗胃，至洗出液无磷臭味为止。不论任何途径引起的有机磷农药中毒，都应采用阿托品结合解磷定的综合疗法。对于危重病例，除给予特效解毒药外，还应进行对症和辅助治疗，如消除肺水肿等。

8. 预防　用喷洒过有机磷农药的植物茎叶作为饲料时，喷药 10 天后方可利用，对有机磷农药必须妥善保管，防止畜禽误食。

第八章　黑豚鼠产品的加工与利用

一、黑豚鼠肉的卫生要求

(一)健康黑豚鼠和病黑豚鼠的区别

用于屠宰加工品种的自养或购买的黑豚鼠,必须健康无病。根据加工品种的需要,选择各种年龄、体重、性别和肥瘦不同的黑豚鼠。

健康的黑豚鼠毛色乌黑发亮,两眼明亮有神,好动,精神充足,叫声洪亮,皮肤柔软有弹性;病黑豚鼠大多精神不振,不喜动,伏卧闭目无神,反应迟钝,皮毛粗乱,鼻流黏液,局部性脱毛,皮肤松软。

(二)光黑豚鼠的质量检查

经过屠宰去毛或进行净膛以后的光黑豚鼠,一部分以鲜黑豚鼠肉上市或冷藏,另一部分加工成各种黑豚鼠肉制品销售。上市前必须进行光黑豚鼠卫生质量检查,黑豚鼠去毛后,检查体表色泽是否正常,有无出血点、创伤、皮肤病等。另外,还要检查黑豚鼠肉是否新鲜,有无变质现象。为确保消费者身体健康,变质的黑豚鼠肉一律不得上市和食用。变质的黑豚鼠眼球深陷,角膜混浊、潮湿有黏液,有腐败气味。目前,黑豚鼠肉尚无统一的质量标准,可按鲜(冻)畜肉的国家卫生标准参照执行。

二、黑豚鼠的一般宰杀加工

(一)宰杀前的准备

黑豚鼠屠宰前应有一段待宰过程，以利充分休息。待宰杀的黑豚鼠一般应于宰前8～12小时停止喂食，宰前3小时停止饮水，这样可以提高屠宰黑豚鼠肉的品质。

黑豚鼠在送宰前还应进行检疫，剔除病黑豚鼠。发现病黑豚鼠应单独宰杀并做无害处理后再有选择性地加工使用。

(二)宰杀放血

宰杀时要求切割部位准确，放血干净；刀口整齐，保证外观完整。

(三)浸烫煺毛

浸烫时，要严格掌握水温和浸烫时间。水温宜在90℃左右，浸烫时要不停地翻动黑豚鼠身，浸烫时间一般为18～30秒钟，以毛能顺利煺掉为度。水温与浸烫时间要根据黑豚鼠的品种、年龄与宰杀季节灵活掌握。对于宰杀时放血不完全或宰杀后未完全停止呼吸的黑豚鼠，不能急于浸烫煺毛。

浸烫好了的黑豚鼠要及时煺毛。可采用机器煺毛，也可用手工操作煺毛。机器煺毛节省人力和时间，但煺毛可能不完全，要人工修剪；人工煺毛速度慢，但煺毛干净。

(四)净　膛

根据黑豚鼠加工为不同产品的不同需要，净膛可分为全净膛和半净膛和不净膛3种不同方法。

1. 全净膛　从宰杀黑豚鼠的胸骨处到肛门中线切开腹壁，将黑豚鼠体内脏器官全部取出。在取出内脏时应注意，不要将各器官拉破，应尽量保持各种器官的完整。

2. 半净膛　仅从宰杀黑豚鼠的肛门下切口处取出全部肠管，其他脏器仍保留在体腔内。

3. 不净膛　不净膛是指把黑豚鼠全部脏器保留在体腔内。

（五）黑豚鼠肉保鲜

鲜光黑豚鼠可以直接上市。可整只上市，也可分割切块上市。但是在运输和销售过程中必须注意卫生，妥善保管，防止腐败变质，保证黑豚鼠肉品质。

为了保证黑豚鼠肉在短时间内达到保鲜不变质的目的，一般应注意以下几个方面：

第一，宰杀煺毛干净，绝对不能被粪便等污染。

第二，坚持做到加工、运输、存放、销售等环节的清洗、冲刷与消毒制度，消除各个环节被污染的机会。

第三，降低贮藏温度，运输时用冷藏车，延长黑豚鼠肉的保鲜时间。

三、黑豚鼠产品的加工技术

黑豚鼠是一种新兴的特种养殖项目，黑豚鼠养殖业发展起来以后，规模会越来越大，数量会越来越多。这样，搞好黑豚鼠的综合开发利用和产品加工，解除养殖户的后顾之忧，就是一个十分重要的问题。为了使黑豚鼠养殖户能够不断提高养殖经济效益，现将一些简单加工方式与加工技术介绍如下：

(一)黑豚鼠皮、肉、血、毛的综合开发利用

1. 加工产品

(1)黑豚鼠皮　黑豚鼠皮经化学鞣制后乌黑发亮,可做皮毛玩具、儿童裘皮服装;烟毛后鞣制出的软面革可以做各种坤包、手套、儿童皮鞋等。据《市场信息报》报道,一种由意大利鼠皮和黑豚鼠皮双层复制而成的新概念织物——鼠皮绒已在江苏东方丝绸市场出售。

(2)黑豚鼠肉　经宰杀并处理干净的黑豚鼠胴体可整黑豚鼠装袋,制成袋装速冻黑豚鼠肉销售。

(3)黑豚鼠血　黑豚鼠血可提取血清供医用。

(4)黑豚鼠毛　黑豚鼠毛可提取胱氨酸供医用。

2. 设施、设备　要有皮毛鞣制和烟毛用的浸皮缸、刮脂台,要有制作儿童玩具和裘皮服装的缝纫机、刀具、剪子、胶水等。提取血清需有一个血清实验室,实验室应有1台24孔2 500转/分的医用离心机;可放5个试管架的水温恒温箱1台;180升冰柜1台;工作台可用木板制成;试管、漏斗等实验用具。冰冻胴体加工只要有1个冰柜即可。

3. 工艺流程

(1)皮革加工工艺流程

整皮→(用化学原料)浸皮→(捞出)晾晒→(用铲子)刮脂肪→(手工)鞣制→(修剪)成品

(2)加工皮毛玩具工艺流程

配料→(用废纸屑、纸浆混合或者塑料吹塑)动物模型(包一层纱布,涂上白乳胶)→镶上眼睛和鼻子→粘皮毛→成品

(3)加工服装工艺流程　可参照普通服装生产工艺。

(4)血清提取工艺流程

剪断黑豚鼠动脉→用试管接取血液→放恒温箱30分钟,温度30℃左右,让血液细胞收缩→将试管放入离心机离心,2 500转/

分，分离出血清→用吸管将血清吸入瓶内制成成品

(5)冰冻胴体加工工艺流程

整胴体→(装入保鲜袋)速冻成品

(二)豚皮鞣制

1. 剥皮　将黑豚鼠用利刀沿腹部到嘴巴切开一条纵线；再从四肢各切一条线，前肢由爪间切至前胸，后肢从爪间切到腹部。注意一定要切成直线，不要切歪。剥皮时，先用大拇指和食指捏住黑豚鼠胸部，再用右手大拇指嵌入皮层，轻轻剥开，使皮层与肌肉脱离；依次开剥至下腹部、后腿，割断爪骨，直到颈头部耳根处；稍用力一拉耳根突出点，用刀割耳根处，并挑开眼皮和嘴唇，使整张皮脱离肉体。

2. 清洗　刚剥下来的黑豚鼠皮上有残存的肉、脂肪及污物等。这时就要入水漂洗、先用竹片或不太锋利的小刀刮去肉屑和脂肪；然后放入适量的温洗衣粉水中，用手刷洗；最后用清水冲洗干净，并用木梳梳理毛皮。

3. 浸泡　将鲜黑豚鼠皮放入水温为15℃～18℃的清水中浸泡6～10小时，使其充分吸水软化。

4. 脱脂　将3份肥皂、1份纯碱、10份水混合溶解，制成脱脂液。在容器中倒入相当于湿皮重10%的脱脂液，将浸泡过的皮张放入容器内，充分搅拌5～10分钟。溶液浑浊后更换新液，再继续搅拌(也可戴上防护手套搓洗)，直到除去毛皮上的油脂气味为止。注意容器内液体的温度应保持在30℃～40℃。

5. 配制鞣制液　取明矾4～5份，食盐3～5份，清水100份。先用少量温水将明矾溶解后倒入容器内，再加入食盐和剩下的水，搅拌均匀即制成鞣制液。

6. 鞣制方法　按鞣制液的重量应为湿毛皮重量的5倍的比例，将脱脂后用清水反复冲洗并沥干水分的毛皮放入鞣制液中。

鞣制液温度以30℃左右为宜。开始时将毛皮充分搅动,以后每日早、晚各搅动30分钟,使毛皮浸渍均匀。如此浸泡1周后鞣制结束。将毛皮捞出,将毛面用水洗净,置阴凉处晾至半干。

7. 加脂回潮 取蓖麻油10份,肥皂10份,水100份配成溶液,涂于半干状态的毛皮肉面,并适当喷些水。然后肉面对肉面地叠好,盖上塑料布,压上石块,放置1昼夜使皮回潮。

8. 刮软、阴干 将回潮后的毛皮铺在半圆木上,毛面朝下,用钝刀由上至下,反复在皮板上刮,刮至皮板软而松弛为止。然后将皮毛的毛面朝下钉在木板上,使其伸展,放置于通风干燥处阴干。

9. 整修、收藏 取下阴干的毛皮,先用手揉搓,然后用铁器摩擦黑豚鼠皮的光面,并随摩擦随放些碳酸镁粉,这样能使毛皮的皮板变得洁净柔软。最后,用梳子顺势梳毛,将毛理顺后即可收藏待用。

(三)从黑豚鼠毛中提取胱氨酸

黑豚鼠类资源可以广泛地开发利用。就黑豚鼠毛讲,就可以把它制成供给生物化学和营养研究以及医药方面所需要的半胱氨酸或胱氨酸。这类胱氨酸,有促进机体细胞氧化和还原功能,增加白细胞和阻止病原菌发育等作用。制成医药可用于治疗各种脱发症,也可用于治疗痢疾、伤寒、流感等急性传染病以及气喘、神经痛、湿疹和各种中毒疾病等。现将加工黑豚鼠毛提取半胱氨酸、胱氨酸及其氨基酸族类的具体工艺流程介绍如下:

1. 清洗煺毛 先把宰杀后的黑豚鼠体或剥下的黑豚鼠皮冲洗去泥土等杂物,然后煺毛。煺毛一般有3种方法。

(1)开水烫刮 即把整修黑豚鼠体或剥下的皮(干皮可泡软)用滚烫的沸水反复猛烫,趁热煺毛。

(2)化学煺毛 即用较强的盐酸浸泡,毛自溶落。

(3)熟皮刮毛 即在用皮硝制作皮板与皮线不要毛时,用利刀把毛刮下,将毛集中起来冲净硝类,然后把黑豚鼠毛晾干备用。

2. 溶毛脱色　把清洗后的黑豚鼠毛放入耐高温、耐酸的坛(缸)中,加盐酸(一般浓度即可),将坛(缸)盖好。然后放入油锅中(废食油、机油均可,但以耐高温不易燃的油为好)加热。过 20 分钟可搅拌 1 次,当温度达 200℃～250℃时即可完全溶解。此时停火加入火碱面(也可不加),充分搅拌,使溶液保持碱性。趁热用砂漏斗过滤坛中溶液,去掉未溶解物。在滤液中加入化学脱色剂或活性炭 2%左右进行脱色。

3. 浓缩提制　把脱色溶液放入耐高温的锅(坛)中加温,使溶液在碱性条件下氧化和浓缩而成。当提取检验溶液能结晶时,即倒入耐高温的瓷釉盆中,放在 70℃～80℃热水中 1 小时之后,再放到常温的冷水中进行自然结晶。待 1～2 天后检查,当溶液大部分已结晶体时,就可取出放入烘箱(可自制烘箱)或电子干燥器中干燥,此品即为氨基酸族胱氨酸。若不加火碱,而在微酸或中性条件下浓缩结晶,即可得到半胱氨酸。通过分解,也可得到氨基酸的其他族类,以供精细加工利用。

(四)黑豚鼠肉干制作

1. 浸泡　将剥皮去杂的黑豚鼠肉放入冷水中浸泡 1 小时,将黑豚鼠肉内的余血浸出,然后捞出晾干。

2. 初煮　将肉块放入锅中用清水煮 20 分钟左右,当水烧沸后,撇去肉汤上面的浮沫,将肉捞出,切成一定形状。

3. 配料　下面介绍两个配方(可按肉的比例增减)。

配方一:黑豚鼠肉 50 千克,食盐 1.5 千克,酱油 3 千克,白糖 4 千克,黄酒 0.5 千克,生姜、葱、五香粉各 125 克。

配方二:黑豚鼠肉 50 千克,食盐 1.5 千克,酱油 3 千克,五香粉 100～200 克。

4. 复煮　取原汤一部分,加入配料,用大火煮沸。待汤有香味时改用小火煮,并将切好的肉放入锅内,用锅铲不停地翻动,汤汁快干时，将黑豚鼠肉取出沥干。

5. 烘烤 将沥干的黑豚鼠肉块平铺在铁丝网上，以50℃～55℃的温度烘烤，并不停地翻动肉料，以免烧焦。经7小时左右即可烘烤制成。烘烤前，若在肉片中加咖喱粉或辣椒粉、五香粉等辅料，便形成不同风味的肉干制品。肉干成品包装后，放在干燥通风的地方可保存2～3个月，装在玻璃瓶中可保存3～5个月。

(五)黑豚鼠肉罐头制作

将黑豚鼠宰杀去皮、去头脚和内脏，进行第一次冲洗。将黑豚鼠肉置于加碱(食用碱)的水中浸泡3小时。捞出后，剁成肉块，再进行第二次冲洗浸泡消毒，以除掉肉内的余血。捞出稍微晾干后放进锅里煮至半熟，将肉取出装罐并注入调料汤，排气封口。再将封口后的罐头放入高压锅内，以202.65千帕压力蒸煮2～3个小时即成。

制作黑豚鼠肉罐头要注意：罐头的味道要根据各地消费者的口味习惯和爱好配不同的调料汤，如天津要求金米酒味，湖南要求辣味，广东要求清淡带甜味。

例：煮制100千克黑豚鼠肉调料汤。

1. 预煮 在100千克黑豚鼠肉中放入白萝卜1千克，青葱200克，小茴香50克，生姜100克，水适量，预煮至半熟。除白萝卜外，小茴香、生姜、青葱可熬成水使用。

2. 加调味料复煮 在预煮的黑豚鼠肉中再加入红酱油15千克，盐2千克，砂糖9千克，味精0.5千克，黄酒0.5千克，精生油0.5千克，大蒜头1千克，洋葱1千克。加料后复煮至熟。

(六)烧黑豚鼠制作

制作之一：特点是色泽鲜红，皮脆肉香，味美可口。

1. 原料　选用650克以上的黑豚鼠作烧黑豚鼠坯。

2. 配料　按50千克黑豚鼠坯计算。五香粉、盐的配制比例为:精盐2千克,五香粉200克,50°白酒50克,碎葱白100克,芝麻酱100克,生油200克,混合调匀。麦芽糖溶液的配制比例为:每100克麦芽糖加500毫升凉开水。

3. 制坯和烤制　活黑豚鼠宰杀、放血、去毛后,在黑豚鼠体的后部开直口,取出内脏,清洗干净,即为黑豚鼠主坯。然后每只黑豚鼠腹内放进五香粉1/4汤匙,或放进酱料1汤匙,使之在黑豚鼠体内均匀分布。用竹针将刀口缝好,以70℃的热水烫洗黑豚鼠坯,再把麦芽糖溶液涂抹于黑豚鼠体外表,晾干。把已经晾干的黑豚鼠坯送进烤炉,先以黑豚鼠体背向火口,用微火烤10分钟,将黑豚鼠身烤干。然后把炉温升至200℃,转动黑豚鼠体,使豚体胸部向火口烤15分钟左右,即可出炉。在烤熟的黑豚鼠体上涂抹一层花生油,即为成品。

4. 食用方法　烧黑豚鼠出炉后稍凉时食用最佳。成品的刀口较讲究,切开后装盘可拼成全黑豚鼠状。这种烧黑豚鼠应现做现吃,保持新鲜度,旋转时间不宜过长(此方法适合于广东、广西口味)。

制作之二:特点是成品肉质鲜嫩酥烂,香味浓郁。

1. 原料　选用750克以上无病伤的活肥黑豚鼠。

2. 配料　每4～6只黑豚鼠用细盐25克,蜂蜜5克,大茴香15克,桂皮15克,白酒25克,生姜25克,葱15克。

3. 加工方法

第一,先将细盐擦在晾干的黑豚鼠肚内,再放进配料(大茴香、桂皮、白酒、生姜、葱)。然后把黑豚鼠的腹部用铁丝缝合,夹起2条后腿,吊到铁钩上,头颈朝下,将蜂蜜加25倍清水稀释,均匀浇淋黑豚鼠身。

第二,进炉挂烤。将制作的黑豚鼠坯上钩,挂入炉温200℃的木炭炉中,关闭炉门,焖烧半小时左右,闻到香味时即可打开炉门出炉。其间应将挂黑豚鼠铁钩旋转1次，使黑豚鼠腹、背受热均匀。

（七）板豚制作

板黑豚鼠，因成品呈板状而得名。板黑豚鼠体面光滑，平展无皱纹，周身干燥，肌肉收缩呈板状，肉面突起稍硬，骨架压平，体呈扁平形状。

1. 选豚肥育 于加工前10～15天，选用750克以上的黑豚鼠，专喂玉米，供足饮水，将豚肥育。

2. 屠宰压扁 宰黑豚鼠前对黑豚鼠群进行检疫，剔除病黑豚鼠，并停喂8～10小时。宰杀时，血液要放尽。在宰杀后5分钟内，立即用沸水浸烫煺毛。然后取出内脏，将其前肢、后肢切掉，用清水少许清除胸腔内残余物。再将处理干净的黑豚鼠体浸泡4小时，以清除体内余血。捞出沥去水分，晾挂2小时后，放在桌上，背朝下腹朝上，将手掌压在黑豚鼠体胸骨部，使劲下压，直到压扁。

3. 擦盐干腌 将黑豚鼠体内外、刀口、口腔、腿部、肌肉、腹部擦上食盐。一般500克黑豚鼠体用盐30克左右。要使整个黑豚鼠体受盐均匀，内外腌透。然后将黑豚鼠体腌入陶缸中，装满后上面再撒一层盐，静置。冬季放置12小时可出缸（指小雪至大雪这段时间）。若气温较低，放置12小时后，倒缸1次，沥去血水，再放入另一缸中静置7小时后出缸。

4. 入缸卤制 将干腌好的黑豚鼠体放入卤缸中卤制。

（1）卤液配方　食盐3.5千克，酱油2千克，生姜100克，大茴香、花椒、山柰各50克，葱130克，大茴香20克，开水50升。

（2）卤液制作　将食盐和大茴香置于锅中炒至无水蒸气为止，然后加入开水和其他配料，煮沸成饱和溶液，用纱布过滤后，倒入缸中（注：以上溶液为250～300只黑豚鼠的用量）。

（3）卤制　卤液制好后，将腌后的黑豚鼠体压入卤液缸中，并用竹、木器将豚体压入卤液内。卤制时间随黑豚鼠体的大小、气温高低灵活掌握，一般以 12～16 小时为宜。天气暖和与抹盐干腌时间长的黑豚鼠体卤制时间可适当缩短。

5. 整形晾干　将板黑豚鼠用软硬适度的竹片支撑成“大”字形，挂起沥干卤液。然后放回缸中，浸渍 1～2 天。取出用清水洗净，再用毛巾擦干。然后放在木板上整形，使扁平的黑豚鼠体保持四周整齐，胸部平整，四肢展开，用清水洗净后悬挂在阴凉处风干。最后，再稍加整理，晾挂 10～15 天即为成品。

(八)盐水黑豚鼠制作

盐水黑豚鼠加工不受季节限制，一年四季均可生产。它的特点是腌制时间短，现做现卖；食之清淡而有咸味，肥而不腻，具有香、酥、嫩的特色。

1. 制作工艺

(1)宰杀清洗　选用 1 年内长成的肉用黑豚鼠。宰杀、煺毛后，在前肢右下边切口开膛取出内脏。用清水把黑豚鼠体内残留的破碎内脏与血污冲洗干净，再在冷水里浸泡 30 分钟至 1 小时，以除净豚鼠体内的余血。然后用铁钩将黑豚鼠头朝上挂起，经1～2 小时将水沥干。

(2)腌制　与板黑豚鼠腌制基本相同，但腌制的时间要短些。如春、冬季节，腌制 2～4 小时，沥卤后复卤 4～5 小时；夏、秋季节，腌制 2 小时左右沥卤，复卤 2～3 小时，即可出缸挂起来。经整理后，用钩子钩住黑豚鼠体颈部，再用开水浇烫，使肌肉和表皮绷紧，外形饱满，然后挂在风口处沥干水分。

(3)烘干　入炉烘干之前，用中指粗细、长 10 厘米左右的小竹管插入黑豚鼠体，并在黑豚鼠体肚内放入少许姜、葱、大茴香、小茴香，然后放入烤炉内，用柴(松枝、豆秸等)火烘烤。当柴火燃烧后，将余火扒成 2 行，分布炉膛两边，使热量均匀。黑豚鼠坯经 20～25 分钟烘烤，周身干燥起亮即可(也可放在电烤箱内烤制)。

2. 食用方法 水中加入葱、姜、大茴香，然后把水煮沸，停止烧火，把黑豚鼠放入锅中。由于加工时黑豚鼠的前肢右下边已开口，开水很快即可进入内腔。因黑豚鼠刚下锅时是冷的，进入黑豚鼠内腔的热水水温会降低，因此要提起黑豚鼠的双腿倒出腔内的汤水后，再次放入锅内。由于再次进入豚体内的水温仍然低于锅中水温，所以要在锅中加入占总水量 1/6 的冷水，使黑豚鼠体内外水温达到平衡。然后再盖上盖子，压住黑豚鼠坯，焖煮 20 分钟左右，加热烧到锅中出现连续球泡时，即可停止烧火。此时锅中水温约为 85℃，这段操作叫第一次抽丝。第一次抽丝后，再把黑豚鼠坯提起，把内腔的汤水倒出后投入锅中，盖上锅盖，停火焖煮 20 分钟左右，然后烧火加热进行第二次抽丝。再提腿倒汤，停火焖煮 5～10 分钟，出锅。待冷却后切块食用。

盐水豚在常规情况下冬季可保存 7 天左右，春、秋季可保存 2～3 天，夏季可保存 1 天。存放时间不宜过长，为防止变质，宜存放在阴凉通风的地方。

3. 家庭制作简易方法 黑豚鼠宰杀清洗后，挂起沥干水分。1 千克黑豚鼠，用 100 克左右炒熟的食盐和少量大茴香、花椒，拌匀制成辅料。将 3/4 辅料装入黑豚鼠体腔内，将黑豚鼠坯反复转动，使辅料在体内分布均匀。将其余辅料擦在黑豚鼠体外表及刀口和黑豚鼠的口腔内。在大腿擦辅料时，要将腿肌由下向上推，使肌肉受压，盐容易渗入。将腌制的黑豚鼠坯放在容器内，经 2～3 小时，倒出体腔内血水，然后将黑豚鼠头用钩钩起，用开水从上到下周身浇淋，再挂到风口处沥干。

如果有条件的话，可放在微波炉内烘烤，这样，黑豚鼠在煮熟后皮脆不韧。

焖煮方法与上述大批加工成品法一样。

(九)酱黑豚鼠制作

酱黑豚鼠是由盐、酱生腌而成。每年冬至至翌年立春是加工的最佳季节。酱黑豚鼠产品肉色黑亮油润,味美芳香,咸中带鲜,回味无穷。

1. 制作方法

(1)宰杀　将活黑豚鼠放血、煺毛,腹下开膛,取出全部内脏与食管等。洗净,去脚趾。挂通风处晾干。

(2)腌制　每只黑豚鼠坯用盐 15 克左右。将一半盐均匀地擦在黑豚鼠坯体表,另一半腌制颈部刀口和腹腔,并将少量放入黑豚鼠坯口腔内。再将黑豚鼠坯平正放入缸内,用竹箅盖住,再用石块压实。在 0℃左右气温下,腌制 30 小时后翻动 1 次,继续腌制 30 小时取出,挂在通风处沥干(如气温 7℃以上,腌制时间可缩短至 20 小时)。然后将黑豚鼠坯放在缸内,加入酱油,用竹箅盖住,再用石块压实。在 0℃左右条件下浸泡 36 小时后翻动 1 次,再浸泡 6 小时起缸。

(3)整形　在起缸后的黑豚鼠坯嘴上拴 13 厘米长的细麻绳 1 根,两端系结。将竹片弯成弓形,从黑豚鼠坯腹下切口处塞入豚鼠腔,弓背朝上,撑住黑豚鼠背,于腹部刀口处将竹弓两端卡入切口,使黑豚鼠腔向两侧伸开,这样黑豚鼠体饱满,形态美观。

(4)着色　按 50 千克酱油配 150 克酱色的比例,将浸泡黑豚鼠坯用过的酱油加入酱色中,煮沸后撇去浮沫。用煮好的酱汁浇腌制的黑豚鼠体约半分钟,使黑豚鼠体呈红色。沥干后,在日光下晒 2～3 天,即为成品。

2. 食用方法　将酱黑豚鼠放入盆内,加入少许白糖、酒、葱、姜(捣碎),蒸熟后倒出黑豚鼠体内的卤水,冷却后切片装盘即可食用。酱黑豚鼠宜挂在通风干燥处保存。

(十)扒黑豚鼠制作

扒黑豚鼠肉质细嫩,味道鲜美,油而不腻。制作时以选用当年650～1 000克重的黑豚鼠为好。从黑豚鼠的颈部宰杀放血,浸烫煺毛,去净内脏,用清水冲洗干净。净膛后将水晾干,再涂色与烹炸。将黑豚鼠平放于盘中,涂以用白糖和蜂蜜熬的糖色。然后放入六成热的菜油锅中烹炸1～2分钟,以黑豚鼠体呈金黄色为适度。再以每150千克黑豚鼠肉配花椒50克,大茴香、小茴香100克,陈皮50克,草豆蔻50克,桂皮125克,山柰75克,草果50克,白芷125克,丁香25克,肉豆蔻25克,砂仁10克。花椒和压碎的砂仁装入纱布袋,随同其他配料一起放入锅中。把炸好的黑豚鼠依次放入锅中摆好,然后往锅内放入一半老汤,一半新汤,以淹过黑豚鼠体为度。上覆竹箅和压石块。先用旺火煮沸,约1小时后改用微火焖煮至熟。一般焖煮3～6小时,煮烂为止。出锅时,先加火把汤煮沸,取下石块和竹箅,利用肉汤沸腾的浮力,将黑豚鼠顺势捞出,动作要快,出锅后即为成品。成品要求外形美观,色泽金黄而微红,黑豚鼠皮完整。肉熟时一抖肉即脱骨,凉后轻提,骨肉分离。

(十一)湿泥包黑豚鼠及其他制作

此食品适宜旅游野外烘烤之用。

第一,用湿泥将黑豚鼠包住,放在火中烘干,剥开泥块黑豚鼠毛即脱落。取出内脏,洗净。留肉备用。

第二,活黑豚鼠宰杀后,用沸水烫片刻,煺毛,去内脏,洗净污血,此黑豚鼠肉即可用来做各种菜肴。

第三,黑豚鼠宰杀后,放在锅里煮熟,然后取出放入冷水中轻轻煺毛,除去内脏。再用盐水、姜、花椒浸渍几个小时,再用重物压住，将其展平像木板一样。取出晾干后去水分回锅。锅里撒米糠、香油，搭上竹锅箅，箅上放黑豚鼠体，密封蒸煮，待香气四溢时才可揭锅，这样就制成了香脆可口的黑豚鼠脯，是款待宾客的佳肴。

（十二）黑豚鼠菜肴烧制加工

1. 蒜烧黑豚鼠

（1）菜肴特点　色泽金红，黑豚鼠肉酥烂，蒜香突出，回味香浓，是宴席上的高级野味名菜。

（2）原　料

①主料　净黑豚鼠肉 500 克。

②配料　蒜瓣 100 克，熟火腿片、水发冬菇片各 50 克。

③调料　食盐、味精各 5 克，葱、酱油各 20 克，黄酒 30 克，肉清汤 500 毫升，姜、香油各 10 克，熟黑豚鼠油 100 克。

（3）做　法

第一，将净黑豚鼠肉均匀地剁成 20 块，入清水中漂洗干净，沥去水分。炒锅上旺火，注入黑豚鼠油 50 克，倒入黑豚鼠肉煸炒，加入葱姜（拍松）、酱油、绍酒，煸干水分下肉清汤，浇沸后改用小火炖至略酥。

第二，取另一只锅，下黑豚鼠油 50 克，放入蒜瓣用小火炒香，至黄。加入火腿片、冬菇片，放入黑豚鼠肉，加盐、味精，收稠汁后，拣去葱姜，洒麻油即可。

2. 天宝回春

（1）菜肴特点　以黑豚鼠为主料，配以天麻、党参、茯苓、枸杞子等滋补中药烹制的天宝回春，最大限度地保持了黑豚鼠的本味和特色，且肉质细嫩，黑豚鼠皮富含胶质，糯而不腻，胜过甲鱼。同时，此菜具有滋补、壮阳、润肤作用，是难得的食疗佳品。

（2）原　料

①主料　黑豚鼠肉 500 克。

②配料　天麻10克,党参、茯苓各8克,枸杞子3克。

③调料　葱20克,盐10克,味精5克,姜5克,绍酒25克。

(3)做法

第一,将黑豚鼠肉均匀地剁成20块,漂洗干净后入沸水中氽1～2分钟,沥干水分备用。

第二,将葱打结后入锅,放在沙锅底部。把黑豚鼠肉入锅,放在沙锅底部的葱上,加入姜(拍松)、天麻、茯苓、党参、枸杞子、绍酒。加半锅清水,上旺火烧沸后即用小火焖烧20分钟。

第三,待肉质略酥后加盐、味精,拣去葱结、姜块,再用小火略烧,汤沸后离火,连盛器一起上桌。

3. 叫化黑豚鼠

(1)原材料

①主料　黑豚鼠肉500克。

②包裹材料　33厘米×33厘米的玻璃纸1张。

③塞黑豚鼠肚内的原材料　里脊肉100克,冬菇丝10克,笋丝5克,煮熟的胡萝卜丝10克,葱10克,嫩姜5克,榨菜丝10克。

④调料　盐5克,黄酒25克,白酱油20克,糖5克,味精5克。

(2)做法　将黄酒、盐抹在黑豚鼠体表层。再将里脊肉丝加少许黄酒、豆粉与白酱油拌匀,再混合各丝,将调料拌匀。将各种丝塞入黑豚鼠肚内,用白线将黑豚鼠肚开口缝起。把大张玻璃纸铺好,把小张放在大张中间,把黑豚鼠放在玻璃纸上,包紧,再用白线缠紧。大锅内放水,隔水蒸黑豚鼠1小时,视黑豚鼠腿略裂、浓香扑鼻即可离火,趁热上桌;将调料调好,放入小碗内一同上桌。打开玻璃纸暴露黑豚鼠肉,将小碗之黑豚鼠汁慢慢淋于黑豚鼠身即可食用,其味非常鲜美。

4. 玉树黑豚鼠

(1)原料　黑豚鼠1只,熟火腿100克,芥蓝菜12支,葱、姜、盐、淀粉、油各少许。

(2)做法　将黑豚鼠洗净放入沸水中加葱白、姜少许煮约3分钟，翻过一面，将锅端离火边，20分钟后取出黑豚鼠，待凉后拆除全部黑豚鼠骨。将黑豚鼠肉切成宽3.3厘米、长6.6厘米的斜片。将火腿切成同黑豚鼠片一样大小的薄片，相隔夹放黑豚鼠片中间放在大盘中。用烧沸的汤1碗注入大盘，泡热黑豚鼠肉和火腿，5分钟后滗出(或蒸一下)。将芥蓝菜用沸水烫熟(或用油半汤匙注入半碗黑豚鼠汤中，将芥蓝菜烫熟)捞出摆入盘中，放盐半汤匙调味后，将淀粉勾芡成稠汁，浇在黑豚鼠肉、火腿上，上桌。

5. 栗子烧黑豚鼠

(1)原料　黑豚鼠1只，栗子250克，油2汤匙，姜2片。

(2)调料　酱油20克，盐5克，冰糖10克，酒10克。

(3)做法　将所有的栗子在大头一边切1薄片缺口，然后用冷水浸20分钟，捞出再浸入冷水中片刻，捞出去壳和衣待用。将黑豚鼠肉切成3.3厘米见方的块，用10克酱油泡浸约半个小时。油锅烧热后放姜片略爆炒一下，倒入黑豚鼠肉块炒透。再加酒和余下之酱油红烧，再放入冰糖和沸水(盖过豚肉)，换小铝锅以文火续炖至黑豚鼠肉烂为止。再将栗子倒入，烧煮半小时即可上桌。

6. 神仙西瓜黑豚鼠

(1)原料　小型西瓜1个，黑豚鼠1只，扁尖笋50克，清汤1大碗，盐少许。

(2)做法　在西瓜的一端横切去1/5，挖除西瓜内部之瓜肉，只用西瓜壳子。如要更为美观，可在西瓜皮上先雕刻出各种花卉图案。将黑豚鼠洗净，放入小盆中，加入泡软之扁尖笋，再加清汤若干，蒸至黑豚鼠肉烂为止(40分钟左右)。将黑豚鼠肉连同汤一起放入西瓜壳中，上蒸锅蒸半小时，即可上桌。

7. 脆皮糯米黑豚鼠

(1)原料　黑豚鼠1只，糯米100克，冬菇10克，火腿肉50克，鸡蛋1个，黑豚鼠油2汤匙，酱油1汤匙，淀粉3汤匙，生酱油1

汤匙,糖1汤匙,酒1大汤匙,油半杯。

(2)做法　黑豚鼠去骨。糯米用沸水浸2分钟,捞起。冬菇切丁,火腿肉切丁,用黑豚鼠油炒两丁。酒、糖和糯米炒匀,炒好捞出放入黑豚鼠肚中酿制,放入盆中,用火蒸1小时。用鸡蛋黄涂满黑豚鼠表皮,再涂一层淀粉,放油锅中炸5分钟。最后用黑豚鼠汁酱油浇汁上桌。

8. 清炖黑豚鼠

(1)原料　黑豚鼠1只,清水1大碗,姜1片,黄酒1汤匙,盐半汤匙。

(2)做法　将净黑豚鼠放在有盖的瓷缸内,加八成满的沸水。将瓷缸放入铝锅中,锅内加水比缸口低6.6厘米。铝锅加盖,放在火上加热,等到大沸以后,开盖去掉表面的浮沫,再加姜、料酒,盖好锅盖继续大火加热,45分钟后加盐即成。

9. 冬瓜炖黑豚鼠

(1)原料　黑豚鼠1只,玉米糊1罐,淀粉3汤匙,盐10克,芥菜5片,姜1小块,胡萝卜半根。

(2)做法　将黑豚鼠放铝锅中加清水淹没黑豚鼠体,加姜1片,用中火烧沸后再用文火炖煮至黑豚鼠肉软。将盐与玉米糊煮沸后用淀粉勾芡呈稀糊状。将黑豚鼠取出放在盘中,将玉米糊汤淋在黑豚鼠上。将芥菜先切成圆形,加1片花形的胡萝卜片,用沸水煮后捞出。将胡萝卜放在圆形绿叶上,分别放在黑豚鼠的四周,以做点缀。

10. 豆豉黑豚鼠

(1)原料　黑豚鼠1只,豆豉1大匙,蒜头末、姜末、辣椒、葱末各5克,酱油20克,糖10克,淀粉20克,酒10克,高汤半杯,盐10克。

(2)做法　将黑豚鼠切块用淀粉拌匀。将豆豉、蒜末、葱末、姜末、辣椒放在油锅中爆炒至香。加黑豚鼠块入锅中,再加色酱油、糖,一起炒一下,再浇入酒和高汤,烧8分钟即成。

11. 红油黑豚鼠块

(1)原料　黑豚鼠1只,辣油10克,麻油10克,酱油10克,酒10克,盐8克,醋5克,姜片2片,葱2根,花椒10粒,糖10克,香菜20根。

(2)做法　将黑豚鼠抹上盐与酒;另取姜1片和葱1根切丝,铺在黑豚鼠上。用大火将处理过的黑豚鼠蒸20分钟,放冷后带骨切块,先排放在碗内,再倒扣在盘上。取葱1根、姜1片与蒜头、花椒一起剁碎,加酱油、酒、香油、辣油、醋、糖、盐,调匀后淋在黑豚鼠块上,将香菜饰于盘边即可上桌。

12. 纸包黑豚鼠

(1)原料　黑豚鼠1只,蛋白1个,酱油15克,黄酒10克,姜1片,糖5克,玻璃纸1大张,油适量。

(2)做法　将黑豚鼠切成小长方块,用蛋白、酱油、酒、糖、姜浸泡2～3小时。浸泡时要经常翻转黑豚鼠块,使其浸匀入味。把玻璃纸剪成6厘米×8厘米的小张,用剪好的小玻璃纸逐块包好黑豚鼠块(1张纸包1块),最好呈梅花形。然后下油锅炸3～4分钟(火不要太大,免得炸焦)即可上桌。

13. 三杯黑豚鼠

(1)原料　嫩黑豚鼠1只,酱油、料酒、白砂糖各50克,大茴香5粒。

(2)做法　将黑豚鼠洗干净,将各种料取用1/3,填于黑豚鼠腹中,其余2/3放于锅中(宜用沙锅)。黑豚鼠下锅加温水1碗,用文火烧1小时以上,取出切块或全黑豚鼠上桌皆可。

14. 红焖双童

(1)原料　童子黑豚鼠(公)2只(每只毛重0.5千克,煺毛净膛),青菜2扎,葱2根,姜1片,花椒2粒,酱油20克,香油10克,花生油15克,糖10克,盐10克。

(2)做法　将黑豚鼠浸渍酱油半小时。将锅烧热,将香油下锅，将浸渍好的黑豚鼠爆煎一下，加入浸黑豚鼠的酱油、葱、姜翻烧数下，再放入砂糖、花椒和盐以及1杯沸水焖2小时。用花生油炒青菜，加盐少许，炒后放在大盘两边，将焖好的黑豚鼠捞出放在盘中间，加浓汁于黑豚鼠体上，即可上桌。

15. 蒸扣豚

(1)原　料

①主料　嫩黑豚鼠1只，香菇5个。

②调料　盐5克，胡椒粉少许，姜2片，葱花汤10毫升，香油10克，酱油20克，醋10克，葱花5克。

(2)做法　将黑豚鼠放入锅中，加水煮至将熟时捞起。先切泡开去柄，排在盘底。将黑豚鼠胸、腹、腿拍成肉丝状，带皮黑豚鼠肉皮向下排在下层，其余黑豚鼠肉切3.3厘米见方后再放入，再加调料盐、胡椒粉、姜与葱花汤。上蒸锅蒸半小时，出锅后扣在盘中，将香油、酱油、醋、葱花和匀浇在黑豚鼠上即可上桌。

16. 屈黑豚鼠

(1)原料　黑豚鼠1只，姜1小块，葱1根，酱油、酒、糖、盐等酌量。干木耳10克，金针菜20克，油500克。

(2)做法　用20克酱油涂抹在黑豚鼠体内外。油入炒菜锅烧热，将黑豚鼠炸至金黄色。取出锅中油，留下30克爆香葱、姜片，并加泡好的金针和木耳，再放入酱油30克，盐8克，糖10克，酒10克，并注入清水2碗。盖严锅盖，用中火煮25分钟，见汤汁只剩下半碗时，将黑豚鼠捞出，待冷后，切块摆在捞出的金针菜和木耳上。锅中之汤汁留些勾芡浇在黑豚鼠面上。

17. 桃仁黑豚鼠丁

(1)原　料

①主料　黑豚鼠肉500克，青红椒各1只，葱3根，姜片15片，桃仁(或腰果)20克，油500克。

②腌黑豚鼠用料　蛋白3个，酱油10克，淀粉10克。

③综合调味料　酱油20克，醋5克，酒10克，淀粉10克，盐5克，糖10克。

(2)做法　将黑豚鼠肉切成桃仁大小的丁，全部放进调制好的蛋白中，并加酱油与淀粉腌半小时以上。将青、红椒分别切成小方块。油入锅烧七成热，放入桃仁，以慢火炸至金黄色。炸时不停地铲动，3分钟后，捞出摊放在纸上待凉。锅中烧油七八成热时将黑豚鼠丁放入，改大火炒熟(半分钟)捞出，沥油。再用净锅炒姜、葱、青椒等，将黑豚鼠丁放入锅内改大火炒拌匀，并将综合调味料倒入炒拌匀，关火后加桃仁上桌。

18. 麻辣黑豚鼠

(1)原料　750克黑豚鼠1只，白糖10克，细盐10克，芝麻酱20克，芥末酱20克，蒜4瓣。

(2)做法　将黑豚鼠放在蒸锅中蒸熟去骨，把黑豚鼠肉撕成长片。用蒸黑豚鼠之汤汁加蒜瓣(切碎)、白糖、盐、味精调匀，再加调匀的芝麻酱拌匀作为浇汁使用。可先把汁浇在黑豚鼠体上食用，也可把浇汁放在黑豚鼠肉旁蘸食。

19. 青椒童黑豚鼠

(1)原　料

①主料　嫩黑豚鼠1只，大青椒1只，小红辣椒2只，嫩姜6薄片，葱2根(切段)，油30克，豆粉20克(10毫升水调为水豆粉)。

②调料　普通酱油10克，白酱油10克，盐、糖各5克。

(2)做法　先将黑豚鼠洗净后切成小块，放10毫升水，放入豆粉拌匀。调料放入一半拌匀。大青椒对剖去籽洗净，直切2条，再切为3块。小红辣椒对剖后切三角块。锅中下油烧热，先爆炒葱、姜、红辣椒，然后爆炒黑豚鼠块，再放入大青椒同炒。加盐和余下的一半调料，翻炒数下，加沸水半碗，盖起，烧至略沸即放入水豆粉，使汁稍稠即可上桌。

第九章 常见牧草种植技术

一、皇竹草种植技术

皇竹草其茎秆似竹，草本属，植株特别高大。皇竹草系多年生禾本科直立丛生型植物，它是由甜象草和美洲狼尾草杂交育成，是一种高产优质牧草，其叶片宽阔、柔软，茎脆嫩，适口性好，是饲养黑豚鼠的好饲料。

（一）皇竹草的用途

第一，皇竹草营养丰富，汁多口感好，是黑豚鼠的最佳饲料。据有关科研部门测定，其营养丰富，含有 17 种氨基酸和多种维生素，鲜草含粗蛋白质 4.6%，精蛋白 3%，糖 3.02%；干草粗蛋白质含量达 18.46%，精蛋白质含量达 16.86%，总糖含量达 8.3%。不论是鲜草，还是青贮或风干加工成草粉，都是饲养黑豚鼠的好饲料，不用或基本不用精饲料就能达到正常的生长需求。采用皇竹草养殖黑豚鼠是目前一般其他牧草所无法相比的。经常用皇竹草饲喂的黑豚鼠都表现得生长速度快、较为健壮。

第二，皇竹草是造纸、建筑材料的新型原料。据科研部门测定，“皇竹草纤维长 1.48 米、宽 30 毫米，纤维含量为 25.26%”，是优质的造纸原料，其蒸煮时间、漂白度、细浆得率均优于麦秸、甘蔗，完全适合制造较高档的纸品，其造纸品质优于速生杨、芦苇等禾草类原料。同时，还可制造质优价廉的纤维板。皇竹草经改良，耐寒、耐旱、耐涝能力较强，是甘蔗的 2 倍，产量远远高于速生杨、芦苇等禾草类。

第三，皇竹草是实施退耕还林还草工程的好草种，是防止水土流失，治理荒滩、陡坡的理想植株。皇竹草根系发达，茎秆坚实，平均根系长3～4米，最长根系可达5米，且很密集；平均茎粗2～3厘米，最大茎粗可达4厘米；整体抗风能力强，种植在地边、院坝、果园可作围栏、绿篱；种植在河边、沟边、水库边、荒坡可防洪护堤，防止水土流失，对绿化荒山荒坡、防风固沙都具有积极的作用。同时，皇竹草新陈代谢旺盛，代谢后的根是极好的有机质肥料，有利于土壤土质改良。

第四，皇竹草属四碳植物，有较强的光合作用，对净化空气、吸收空气中的有毒气体具有较强作用。在公路两旁、厂矿附近、公园内大面积栽植，可降低空气的污染程度，改善人们的居住环境。

第五，制作青贮饲料。皇竹草含糖分较高，青贮效果十分好。可在植株丰产季节(6～8月份)鲜草生长特快，产草量极高，当植株高150～200厘米时，割下晾晒0.5～1天，待水分降至60%左右，切成3厘米长左右，制作青贮饲料，以备畜禽冬季饲用。青贮时添加1%尿素和2%食盐，能显著提高饲草品质。

第六，制作青干草。丰草季节，当株高150～180厘米时，收割后直接晒制青干饲料。必须选择晴朗天气，暴晒2～3天后，收集存放于通风处阴干，并用草架贮存，以防回潮霉变，也可加工成草粉备用。

第七，制作微贮饲料。在植株高250～300厘米时收割，将其切成35厘米长后，均匀地喷入秸秆发酵活杆菌(最好用活力99生酵剂)，装入微贮窖压实密封，经30天后即可取封利用。

第八，用于庭院、公园、园林区、风景区的绿化。皇竹草植株高大，茎节灰白，光滑发亮，具有观叶观节的实用价值，种植后合理修剪、管护，可迅速形成葱绿的“草林”，美化当地环境，减少了环境污染，改善人们生活和工作环境，确属绿化、观赏于一体的好品种。

第九，生产食用、药用菌。主要是解决段木、木屑、蔗渣、棉壳等原料逐步紧张的矛盾，可用皇竹草草粉取而代之。现已开发成功利用皇竹草草粉生产灵芝、竹荪等 30 多种菌类。

(二)皇竹草的生长特性

1. 皇竹草适应性广，抗逆性强 皇竹草适种于各种类型的土壤，酸性粗沙质红壤土和轻度盐碱地均能生长，其耐酸性可达 pH 值 4.5。在旱地、水田地、山坡、平地、田埂、河埂、湖泊边等各类型地上以及庭院、盆栽等一切可以充分利用的地方均可种植。

皇竹草的种植要求是：日照时间 100 天以上，海拔在 1 500 米左右，年平均温度 15℃左右，年降水量在 800 毫米以上，无霜期 300 天以上。由于皇竹草生存能力、抗逆性较强，所以它的成活率极高，在一般气候条件下，成活率均在 98%以上，在高寒低湿地区，成活率也可达到 90%以上。北方地区冬季如果采用大棚进行越冬，其种植效果与南方差异不大。

2. 皇竹草生长速度快，繁殖能力强 一般当年春季栽种的茎节，于 11 月下旬停止生长(广西南部、海南省、广东南部等部分地区一年四季均可生长)，平均株高 4～5 米，最高可达 6 米，分蘖能力强，每株当年可分蘖 20～35 根，最多达 60 多根，每 667 米^2 可繁殖 35 万根，繁殖系数达 500 倍以上，春季种植 667 米^2 皇竹草，生长 8 个月后，翌年的种茎即可满足 35 公顷以上的种苗需要，若肥水充足，长势十分旺盛，翌年的种茎即可满足 50 公顷的种苗需要。

3. 皇竹草栽种简单，产草量高 皇竹草采用分株或茎节繁殖，栽种后 40 天左右即可收割第一次。在长江以南地区每年生长期长达 9 个月以上，每 667 米^2 年产鲜草 25 吨左右，在我国的海南、广东、广西等一些亚热带地区，一年四季均可收割皇竹草，其产量高达 32 吨左右，居禾本科牧草之首。其产量为豆科牧草的20～30 倍。宿根性能良好，栽种 1 年，连续 6～7 年收割，第 2～6 年是皇竹草的高产期。皇竹草以无性繁殖为主，耐寒性较强。一般在0℃以上可自然越冬，8℃以上可正常生长。病虫害少，整个生长期极少发生病虫害，可能是牧草中病虫害发生最少的。

皇竹草是黑豚鼠十分喜吃的一种全功能牧草（因为含有糖分、清甜可口），消化吸收率名列牧草前列，可占到饲料比例的60%以上，而且生长迅速，种植1次可连续采收7年，种植667米^{2}地8个月后可扩种到3.5公顷，且病虫害极少。北方如果种植在大棚中，可成为唯一能周年生产保证有牧草供应的品种，在广西、海南、广东、福建等热带区域，种植皇竹草能保持周年供应。

（三）皇竹草超高产栽培技术

1. 选地与整地　皇竹草好高温，喜肥水，不耐涝。因此，种植地的选择很重要，应选择土层深厚、疏松肥沃、向阳、排水性能良好的土壤。在种植前要深耕，清除杂草、石块，将土块细碎疏松，并多施农家肥作基肥，最好实行开畦种植，有利于排水与田间管理。沙质壤土或岗坡地应整地为畦，以便于灌溉；陡坡地应沿等高线平行开穴种植，以利保持水土；平坦黏土地、河滩低洼地应整地为垄，垄间开沟，以便于排水。如新建基地，最好在栽植的上年冬季就将土地深翻，经过冬冻，使土壤熟化，在栽种前再浅耕1遍，每667米^{2}施农家肥3000千克或三元复合肥100千克。

2. 种苗选育技术　皇竹草属无性繁殖植物，由于它是用草籽育苗，出苗率很低，生长速度缓慢，应采用成熟的皇竹草茎节为种苗，采取无性的方式栽培。可利用茎节扦插或根茎分株移栽方式，快速扩繁。引种前，要选购纯正的皇竹草种茎，因象草和桂牧一号与“皇竹草”都极为相似，引种时要注意鉴别。俗话说，好种子是丰收的希望，如果引种的不是纯正的皇竹草，将会带来巨大的损失。在土壤、气候与管理条件较好时，可直接在大田栽培种植。种植方法是将种节与地面呈45°角斜插或平放于沟内。但一般情况下，为提高茎节(根茎)出苗率,应采用先育苗,后移栽的方式进行栽培。

(1)育苗时间　一般在2～5月份进行育苗较为适宜。但最好在3月份气温达到15℃以上时下种育苗。气温较低时,也可拱棚覆盖塑料薄膜保温育苗(温度较低地区要采用双层农膜小棚育苗),这样可在全年任何时候育苗。

(2)种节准备　选择6月龄以上的成熟植株,选取健康、无病虫害的茎秆为种节,先撕去包裹腋芽的叶片,用刀切成小段,刀口的断面应为斜面,每段保留1个节,每个节上应有1个腋芽,芽眼上部留短,下部留长,为提高成活率,有条件的可用ABT生根粉100毫克/升浸条28小时(1克生根粉可处理茎节3 000～5 000株),然后在切口处蘸上草木灰或用20%的石灰水浸泡30分钟,进行防腐消毒处理。当天切成的种节要及时下种,以防水分丧失。

(3)苗地准备　应选择肥、水、光照条件良好的沙地或疏松的壤土为育苗地。每667米^{2}施农家肥3 000千克,地块应深耕细作,使地表土细而疏松,土面平整,开畦宽11.5米,畦与畦之间做排水沟。

(4)下种　将准备好的种节腋芽朝上,并与地面呈45°角斜插于土壤中,节芽入土3厘米,间距57厘米,并用细土将腋芽覆盖,及时浇足1次清粪水或清水保墒。

(5)育苗期管理　在育苗期每天(晴天)浇水保持土壤湿润,下种后7～10天开始出苗,若因浇水造成土表层板结,影响出苗、生长,应及时疏松种节周围土层,适时除草、追肥,待苗长高20～25厘米时(20～30天)即可取苗移栽。苗期有一定分蘖现象,为扩大大田种植面积,可将分蘖株分数株移栽。

3. 大田栽培技术

(1)栽培时间　冬天无霜地区,一年四季均可栽培。冬季有霜地区,一般在3～6月份为最佳栽培时期,也可随时育苗随时移栽。

(2)栽培规格　根据植株栽培的目的,用途不同,栽培的株、行距也不同。作青饲料栽培应密些，每667米^{2}2 000～3 000株，株、行距为50厘米×66厘米或33厘米×66厘米；作种节繁殖、架材、观赏，栽培应稀些，每667米^{2}800～1 000株，株、行距为80厘米×100厘米或70厘米×90厘米；作围栏、护堤、护坡用的应更密些，其株距以33厘米×40厘米为好；对不规则的坡地、山地视具体情况而定，如光照不足地块宜稀植。

(3)施足基肥　在大田移苗栽培前，每667米^{2}施优质农家肥2 000千克和过磷酸钙200千克，在无农家肥的情况下，必须每穴(窝)施用复合肥和过磷酸钙各100克，并与底土拌均匀，以增加植株分蘖能力。

(4)栽培方法　主要有以下3种：

①方法一　开沟种植。在较平整的大田或地块上种植时，按不同的行距开挖种植沟，沟深14厘米左右，沟底施入适量的农家肥或钙镁磷肥为基肥，然后加盖7厘米厚的细土，扶正踏实；也可将准备好的茎节种苗与地面呈45°角插入沟中，或将种苗平放在种植沟内，叶芽朝上加盖7厘米左右厚的细土即可。

②方法二　开穴(塘)种植。在整理好的地块按种植不同规格开穴，若在山坡地块上种植，选择好种植点开穴，最好为鱼鳞状或整成等高梯田式开穴种植。种植方法与开沟种植方法一样，每穴1株。

③方法三　分株移栽。把已种植2年，生长健壮分蘖较多的植株选做种苗，在一丛老蔸中，连根挖起3/4，注意尽量少伤害根茎，除去上端的嫩叶，保留10～15厘米长，进行人工分株，每株含有12个腋芽或节即可作为种用，根系较多或过长的用剪刀除去一部分。种植时同样采用开沟种植或开穴种植，但分株移栽比无性繁殖和育苗移栽方式种植生长速度要快，一般在两个月内即可收割利用。

(5)浇足定根水　种苗移栽后同时浇足定根水或施少量清粪

肥，确保土壤湿润，以定根促苗。若遇天晴干旱，需2天浇水1次，直到种苗转青时才能缓解。

4. 田间管理技术 皇竹草产草量高，需水肥量大。初栽种或收割后，都应当加强田间管理。

(1)及时补苗 皇竹草经大田移栽后，直到种苗返青，均要坚持浇水保湿。对缺苗缺蔸的地方，须及时移苗补栽，保证成活率在98%以上。确保每667米^{2}基本苗数量。

(2)中耕除草 皇竹草前期生长较缓慢，容易受杂草的影响，应在植株封垄(行)前进行1～2次中耕除草。第一次中耕除草，宜在种植1个月后，皇竹草开始萌发新芽时，选择晴天或阴天进行除草松土，并每株施放10克尿素；第二次除草宜在种植2个半月后进行，这时为皇竹草生长最旺盛的时期，按每株施放碳酸氢铵或尿素25克；若作为培育种苗时，为避免倒伏，在植株蔸周围进行培土。每次植株收割后应及时进行中耕除草，以疏松土壤，减少杂草危害和再生。应注意的是，中耕除草不可伤害植株的根部和茎部。

(3)浇水追肥 皇竹草喜水，故逢晴天久旱，每隔3天上午就应普遍浇水1次；在连续多天阴天时也应注意浇水。但皇竹草不耐渍水或水淹，因此，浇水应适度，雨季还须特别注意排涝。皇竹草嗜肥，故在基肥施足的前提下还须适时多次追肥，以促使植株早分蘖，多分蘖，加速蘖苗生长。在植株长到60厘米左右高时，应追施1次有机肥或复合肥，在每次收割后2天，结合松土浇水追肥1次。一般追施氮肥(667米^{2}用量20～25千克)或人、畜粪肥，以确保牧草质量，提高牧草单位产草量。入冬前收割最后1茬后，应以农家肥为主重施1次冬肥，以保证根芽的顺利越冬和来年的再生。在移栽后15天时若喷施1次叶面肥(一般叶面肥、激素均可，如叶面宝、农大120等，每7～10天施1次)，将显著提高生长速度和分蘖能力，并能提高产量和改善草的品质。

(4)加强对留种苗的管理 留作种用的皇竹草，应在收割2～

3 茬(7 月份)就不再收割,但可继续割剥叶片,使皇竹草留有 6～8 片生长叶片即可。每 667 米^2 追施钙镁磷肥 50 千克,这样种苗将有足够的时间进行营养物质的积累。当植株长到株高 180 厘米以上时,可收割其下部叶片来利用,但不应剥落包裹腋芽的叶片和伤害上部嫩叶,以确保留作种用的植株茎秆粗壮、无病虫害。茎秆老熟后,于打霜前砍下,打捆保存。

(5)*病虫害防治*　皇竹草抗病力较强,很少发生病虫害。偶尔发生的病害有炭疽病和白粉病,虫害有地老虎、蚜虫和黏虫(钻心虫)。炭疽病在冷凉多雨天气发生,温暖湿润天气扩大危害,其主要危害幼苗叶和茎秆,病症表现为椭圆形灰褐色斑块,上面有黑色或粉红色胶质小颗粒,似眼形斑点不规则排列,根茎、茎基部发病,严重时整株或部分分蘖生长发育不良,变黄枯死。

防治方法:加强田间管理,保持环境的空气流通,降低环境湿度,苗期浇水宜深透不宜过勤。避免傍晚浇水。防治白粉病,可用 5%多菌灵可湿性粉剂或 1∶100 波尔多液喷洒,隔 7～10 天连喷洒 2 次。地老虎主要危害是咬断幼苗和肉质根茎、分蘖根,造成植株死亡或生长不良。发生时,可利用黑光灯、糖醋液诱杀成虫或幼虫,或用 50%辛硫磷乳油 1 000 倍液或 80%敌百虫可溶性粉剂 800～1 000 倍液喷洒。蚜虫和黏虫(钻心虫)主要危害植株的叶和茎,可用 40%乐果乳油 1 000～1 500 倍液或用 2.5%溴氰菊酯乳油 2 000～3 000 倍液防治。注意:植株喷施农药 15 天内,严禁收割饲喂黑豚鼠。

(四)皇竹草的收割技术

皇竹草全年收割时间,一般在 4～11 月份,以间隔 25～40 天收割 1 次,可获得较高产和较好品质饲草。植株收割时期与每年收割的次数要因地、因肥水条件而异,同时考虑饲喂对象适口性因素。一般用以喂牛、羊等反刍家畜,可在植株高 130～170 厘米时收割,1 年可割 5～6 次;用以喂黑豚鼠、兔、鹅、草鱼等,要求茎秆细嫩,适口性好,宜在植株高 80～120 厘米时收割,每年可收割 7～10 次。每茬收割以离地面 15 厘米上下处用“镰刀顺次青割”为宜。不能过低,否则影响植株再生。应注意,避免在雨天收割,以减少病虫害发生。皇竹草第一年产量略低,每 667 米^2 产量在 15 吨左右,最高可也达到 25 吨,第 2～6 年牧草最高可超过 32 吨。

(五)皇竹草的越冬管理

皇竹草在温度低于 5℃时便停止生长,低于 0℃时会发生冻害,为了减轻冬季低温对皇竹草的损害,在低温来临前应将植株的叶片去掉。冬季气温在 0℃以上的地区,留茬 15 厘米左右,其上还需加盖干草或塑料薄膜保温越冬。留作种用的茎秆,于打霜前砍下打捆保存。

1. 保种方案

(1)*地窖保存法* 将皇竹草茎秆尖上面留 50 厘米左右长叶子,以 50 根一捆,直接放入地窖,对较长的植株可将其砍成两段,用塑料薄膜包扎捆好,再放入地窖保存,直到翌年 3 月份后,再切成一芽一节,用于栽培。该方法投资少,管理简单,适宜农户小面积种植采用。

(2)*挖坑保存法* 选择地势较高处(地下水位低于 200 厘米),坑挖深 150 厘米,然后铺 10 厘米厚稻草,将不剥叶片留尖的皇竹草以 50 根为一捆放入坑内,每坑装入 10～15 捆。若天气太干需在装坑时洒水淋透,盖 20～30 厘米厚泥土或盖塑料薄膜后再用 20～30 厘米厚泥土覆盖,保存温度控制在 10℃～12℃,到翌年 3 月份挖出切节种植。该方法适宜批量留种使用。

(3)*塑料大棚法* 将皇竹草种株,按每平方米 20 窝,连根移栽到塑料大棚内,根茎间隙用泥土覆盖,然后浇足水。日常管理重点是通风、保温,控制棚内温度在 5℃～15℃,相对湿度在 80%～

90%。此种方法投资大，越冬效果最佳，适宜大规模保种采用。

(4)冬季扦插育苗过冬法　当年11月份将扦插育苗地翻犁、整平、开畦，畦与畦之间留沟40厘米左右，作为水沟和工作道。然后将种茎一芽一节斜切，芽眼上部留短，下部留长，斜插入畦土内，株距5～6厘米，用水浇透后覆盖地膜，并在地膜上面用竹条拱盖一层厚膜，保持温度在12℃以上；当温度超过25℃时需要揭膜通风，低于20℃需盖膜，直到翌年2月下旬，待长出2～3片叶子后，即可拔苗移栽。该方法适宜大面积推广采用，不仅为翌年赢得时间，还可以降低用种量。

(5)茎秆入窖　去尖梢叶片扎捆茎秆呈平排型。顺窖的长度排架于枕木上，头梢与蔸部交替排放。堆的厚度一般以40厘米为宜，呈中间高、两边低的脊梁形堆放。每隔1米呈梅花状直插一捆玉米秸秆作透气孔，以保证贮存茎秆在窖内呼吸，这是防止霉烂烧窖的关键措施。堆放的厚度不宜超过50厘米，过厚容易造成烧窖或霉烂，过薄不能充分利用土窖且费工费时。

覆盖干草和碎土。覆盖干草具有保暖、吸收水分、保持窖内温度和防止碎土落于茎秆上的作用。方法和顺序是在堆放的茎上覆盖干稻草3～5厘米厚，覆盖均匀后从两边向中间覆碎土5～10厘米厚，覆土厚度视气温高低而定。霜冻严重的地区可盖厚一些；反之，可薄一些。插入的透气秸需露出覆土面30～40厘米高，用于通风换气。四周修好排水沟，防止雨水流入窖内。

(6)根蔸保存　根蔸留种是靠主根保鲜，开春发芽后分蔸移栽的繁殖办法。其保存方法有两种：

第一，在收割茎秆后的草蔸上撒草木灰(每蔸0.5千克左右)，然后盖干草厚度为20～30厘米，再覆碎土10～15厘米厚即可达到防冻目的。此法保存浪费干草，翌年起挖分蔸费工费时。

第二，将根蔸起挖后放置土窖内贮存。操作办法是与茎秆保种相同。挖好土窖，窖内消毒，垫好枕木，先放一排皇竹草茎秆，然后再将起挖的草蔸放入窖内贮存。放 2～3 层根蔸后覆草 5～10 厘米厚,再覆 10 厘米厚以上的碎土,土窖表面高于地面,中间呈脊梁形,四周修好排水沟,以防雨水流入窖内。

2. 注意事项 皇竹草需留作种用的一定是成熟的老茎秆,受过霜冻损坏的茎秆、收割时损伤芽胞的茎秆和扭曲开裂的茎秆均不能作种保存。茎秆的顶端只能去掉叶片,不能过多砍掉茎梢,入窖时要轻放,不能上人踩,防止茎秆断裂,影响草种发芽。雨雪天要勤检查,防止雨水浸入窖内导致霉烂。翌年春天开窖起种时如有部分发芽的要轻取轻放,不能损伤已发芽的嫩芽,否则不会再发芽。

3. 茎秆的种用质量检查 开窖时首先去掉覆土和盖草。如贮存的茎秆呈青黄色,芽胞呈白色,即可发芽留作种用。如芽胞变成黑黄色就不会发芽再生。育苗时从每节之间切断,断端用草木灰或生石灰消毒后即可植入苗池内。

二、黑麦草种植技术

黑麦草是禾本科黑麦草属植物,全世界有 20 多种,其中经济价格最高、栽培最广的有 2 种,即多年生黑麦草和 1 年生黑麦草。多年生黑麦草原产于西欧、北非和西南亚。我国江浙、湖南、山东等地引种良好,成为牧草生产组合冬春季牧草供应的当家品种,是牛、羊、兔、黑豚鼠、鱼冬春青绿饲料供应的重要牧草。多年生黑麦草生长快,分蘖多,繁殖力强,茎叶柔嫩光滑,品质好,畜禽喜食,也是鱼用的好饲料;多年生黑麦草须根发达,根系较浅,主要分布于 15 厘米以内的土层中,茎秆直立光滑。株高 50～120 厘米,叶片柔软下披,叶背光滑且有光亮,深绿色,长 20～40 厘米、宽 0.7～1 厘米,小穗花较多,一般 10～20 朵,外稃长 4～7 毫米、无芒,质薄端钝。种子为颖果,梭形,千粒重 1.5 克左右。多年生黑麦草喜温暖、湿润、排水良好的壤土或黏土生长。再生性强，耐刈割，耐放牧，抽穗前刈割或放牧能很快恢复生长。

黑麦草一般每 667 米^2 产鲜草 3 000 千克左右，最高可达5 000 千克。其茎叶细嫩，营养丰富，适口性好。营养成分：粗蛋白质 4.93%，粗脂肪 1.06%，无氮浸出物 4.57%，钙 0.075%，磷 0.07%。其中粗蛋白质、粗脂肪比本地杂草含量高出 3 倍。

(一)黑麦草特性

黑麦草平均寿命 4～5 年，须根发达，主要分布于 15 厘米深的土层中。单株分蘖 50～60 个，多者达 100 个以上，叶片窄而长，叶面有光泽，一般长 5～15 厘米、宽 0.3～0.6 厘米。多年生黑麦草喜温暖湿润的气候，适于年降水量 1 000～1 500 毫米，冬无严寒，夏无酷暑的地区生长。生长最适温度为 20℃，在 10℃时也能较好生长。35℃以上则生长受阻，在南方各地能安全越冬。适于在透水性好、肥力高的黏土或黏壤土上生长。

(二)黑麦草种植技术

1. 整　地

(1)浅耕灭茬　棉花、甘薯、大豆等秋作物收后，浅耕 1 次，翻出前作物遗留在地里的残根，以便施肥，恢复地力。浅耕伴随耙地 1～2 次，能保墒除茬，为施肥、深耕做好准备。

(2)施足基肥　由于黑麦草产草量高，需养分较多，故必须施足基肥。黑麦草鲜草量高低与施肥多少有密切关系。一般每 667 米^2 施土杂肥 5 000 千克、过磷酸钙 40 千克、碳酸氢铵 25 千克。土杂肥打碎撒匀，化肥随犁沟撒，随下犁掩入土中。

(3)深耕细耙　耕深 20～22 厘米，使耕作层土壤疏松熟化，这样有利于黑麦草根系生长，增加根系吸收肥水能力。要求地犁到头到边，无卧垡；边犁边耙，对出现大土块进行人工破碎，达到土细地平。

2. 播　种

(1)播种期　黑麦草喜温暖湿润的气候，种子发芽适宜温度13℃以上，幼苗在10℃以上就能较好地生长。因此，黑麦草的播种期较长，既可秋播，又能春播。秋播一般在9月中下旬至11月上旬均可，主要看前茬作物。若专用饲料地，可以早播，以便充分利用9～10月份有利天气，努力提高黑麦草产量；若水稻田后作，只能等晚稻收割后抓紧季节，力争早播，最好安排在连作晚稻早熟品种的田块种植黑麦草。随着播期推迟，由于播后气温下降，出苗迟，分蘖发生迟而少，鲜草收割次数减少，产量降低。连作晚稻在11月上旬开始收割，此时播种已偏迟。因此，可以采用稻田套种，约在10月下旬播种，以与水稻共生期不超过15天为宜。

(2)播法　黑麦草种子细小，要求浅播。

稻茬田土壤含水量高、土质黏重，秋季播种时往往连续阴雨，或者因秋收季节劳力紧张。为了使黑麦草出苗快而整齐，有条件的地方，可用钙镁磷肥10千克/667米^2，细土20千克/667米^{2}与种子一起拌和后播种。这样，可使种子不受风力的影响，避免因水稻生长繁茂，减少细小的黑麦草种子不易落地，以确保播种均匀。

稻板直播时，待播种后，每隔2～4米开一条排水沟，并将沟中的土敲碎，覆盖在畦面上，作盖籽用。

(3)播种量　在一定面积范围内，播种量少，个体发育较好。但密度过小，就会影响单位面积内鲜草总产量，特别是前期的鲜草产量。相反，播种量过大，鲜草产量未必高，且个体生长发育也受到影响。因此，只有合理密植，才能充分发挥黑麦草的个体群体生产潜力，才能提高单位面积产量。每667米^{2}播种量1～1.5千克最适宜。

生产上，具体的播种量应根据播种期、土壤条件、种子质量、成苗率、栽种目的等而定。一般秋播留种田块、每 667 米^2 要有 35 万～40 万的基本苗，需播 1 千克左右，作饲草用，并需要提高前期产量时，可多播一些，每 667 米^{2}2.5～3 千克。

3. 田间管理

(1)中耕除草　结合中耕及时消灭杂草，增加地温，促进萌发生长。

(2)施肥　黑麦草系禾本科作物，无固氮作用。因此，增施氮肥是充分发挥黑麦草生产潜力的关键措施，特别是作饲料用时，每次割青后都需要追施氮肥，一般尿素 5 千克/667 米^2，从而延长饲用期限。随着氮肥施用量的增加，日产草量也增加，草质也明显提高，质嫩，粗蛋白质多，适口性好。从某种程度上讲，黑麦草鲜草生产不怕肥料多，肥料愈多，生产愈繁茂，愈能多次反复收割。要求每 667 米^2 黑麦草田施 25～30 千克过磷酸钙作基肥。留种田一般以不施氮肥为宜，若苗生长特别差，应适当补施一点氮肥。

(3)灌溉　在天气比较干旱的情况下，必须进行灌溉，灌溉结合施肥进行。追施肥后，立即灌溉 1 次，使化肥及时溶解被黑麦草吸收利用。灌后待地能下去人时，浅锄 1 次，以增加地温，迅速发挥肥料作用，促进黑麦草返青快长。

4. 刈割与利用　黑麦草再生能力强，可以反复收割。因此，当黑麦草作为饲料时，就应该适时收割。黑麦草收割次数的多少，主要受播种质量、生育期间气温、施肥水平的影响。秋播的黑麦草生长良好，可以多次收割。另外，施肥水平高，黑麦草生长快，可以提前收割，同时增加收割次数；相反，肥力差，黑麦草生长也差，不能在短时间内达到一定的生物量，也就无法收割利用。适时收割，也就是当黑麦草长到 25 厘米以上高时就收割，若植株太矮，鲜草产量不高，收割作业也困难。每次收割时留茬高度 5 厘米左右，以利黑麦草残茬的再生。刈割后的黑麦草，短切 8～10 厘米长，单独喂草食家畜。

5. 留种 成熟后的黑麦草种子落粒性较强，因此，当黑麦草穗子由绿转黄，中上部的小穗发黄，而小穗下面的颖还是黄绿色时，就应及时收割。为了防止收割时落粒，最好在早晨有露水或阴雨天收割，要做到轻割、轻放，随即摊晒、脱粒、晒干扬净。若农活紧张、劳动力不足、或天气不佳，不能及时脱粒、晒干时，应将黑麦草挂放在干燥通风的地方，以防霉烂，保证种子质量。黑麦草种子每 667 米^2 产 50 千克左右，高的也可达 100 千克，能解决 3～5 公顷大田用种量。黑麦草留种地收割时间在 6 月上旬，因此留种地可以安排单季晚稻。

三、甜象草种植技术

甜象草，是一种高产型牧草，被广泛用于养殖业中。而在种植方面，由于其结实率和种子发芽率均很低以及实生苗生长缓慢等原因，通常采用无性繁殖——种茎扦插、根茎分株移栽等方法栽培。一年四季均可栽培，有霜地区，一般在 3～6 月份为最佳栽培时期；也可随时育苗随时移栽。

(一)开沟种植

在较平整的大田或地块上种植时，按不同的行距开挖种植沟，沟深 14 厘米左右，沟底施入适量的农家肥或钙镁磷肥为基肥，以按农家肥 1 500～2 500 千克/667 米^2、钙镁磷肥 25 千克/667 米^2、复合肥 5～10 千克/667 米^2 施入为宜。有机肥充足的，可适当减少化肥用量。在酸性红壤土种植时，还应按 100～150 千克/667 米^2 施用熟石灰进行改良。

(二)直接扦插栽培

在土壤、气候与管理条件较好时，可直接在大田扦插种茎种植。在日平均温度达13℃～14℃时，即可用种茎栽植，每畦2行，株距50～60厘米，种茎可平放，亦可芽朝上斜插，覆土6～10厘米厚。栽植期以春季为好，两广地区为2月份，江西其他附近省为3月份，但以清明前后栽种更为稳妥，可防倒春寒低温冻坏甜象草嫩芽。宜春当地农民有句俗语为“懵懵懂懂，清明播种”，意即对农事操作不在行也没关系，只要在清明节气开始种植农作物基本都不会有风险。

(三)浇足定根水

种苗移栽后同时浇足定根水或施少量清粪肥，确保土壤湿润，以定根促苗。若遇天晴干旱，需2天浇水1次，直到种苗转青时才能缓解。

(四)田间管理

甜象草产草量高，需要水和肥量大。初栽种或收割后，都应当加强田间管理。苗期应及时补苗和铲除杂草，封行后即能有效地抑制杂草，每次收割后应中耕，追施尿素5千克/667米^2，以利再生。还应清除地边杂草，以防鼠害。

1. 及时补苗 甜象草经大田移栽后，直到种苗返青，均要坚持浇水保湿，为确保每667米^{2}基本苗数量，对缺苗、缺蔸的地方，须及时移苗补栽，以保证成活率在98%以上。

2. 中耕除草 甜象草前期生长较缓慢，容易受杂草的影响，应在植株封行前进行1～2次中耕除草。第一次中耕除草，宜在种植1个月后，甜象草开始萌发新芽，选择晴天或阴天进行除草松土，并每株施放10克尿素；第二次除草宜在种植2个半月后进行，这时为甜象草生长最旺盛的时期，按每株施放碳酸氢铵或尿素25克，若作为培育种苗时，为避免倒伏，应在植株蔸周围进行培土。

每次植株收割后应及时进行中耕除草，以疏松土壤，减少杂草危害和再生；应注意的是，中耕除草不可伤害植株的根部和茎部。

（五）甜象草的收割

甜象草根系发达，茎叶茂盛，1 年收割多次，耗肥力大，割后追肥是促进再生、提高产量的关键措施。每次收割后应立即施肥，一般可按 1 000～1 500 千克/667 米^2 施有机肥和按 15 千克/667 米^2 施硫酸铵。

适时收割：甜象草长至 1 米左右，应贴近地面收割，留茬过高不利于再生；迟收割，则茎秆粗硬，叶片老化；反之，虽茎叶柔嫩，适口性强，草质好，但产量低。

越冬管护：甜象草宿根性强，可连续收割 7 年，在冬季应防冻保蔸，温度在 0℃左右的地区，可自然越冬；霜冻期较长的地区，应培土保蔸或加盖干草或塑料薄膜越冬，同时要清除田间残叶杂草，减少病虫害越冬场所。